从口号到行动

A.O.史密斯公司的文化建设之路

杨东涛 著

图书在版编目(CIP)数据

从口号到行动:A.O.史密斯公司的文化建设之路/杨东涛著.—北京:北京大学出版社,2011.11

ISBN 978-7-301-16831-8

Ⅰ.①从… Ⅱ.①杨… Ⅲ.①热水器具-跨国公司-企业文化-研究-美国 Ⅳ.①F471.262

中国版本图书馆CIP数据核字(2011)第203959号

书　　　名:从口号到行动——A.O.史密斯公司的文化建设之路
著作责任者:杨东涛　著
策 划 编 辑:贾米娜
责 任 编 辑:贾米娜
标 准 书 号:ISBN 978-7-301-16831-8/F·2927
出 版 发 行:北京大学出版社
地　　　址:北京市海淀区成府路205号　100871
网　　　址:http://www.pup.cn　电子邮箱:em@pup.cn
电　　　话:邮购部62752015　发行部62750672　编辑部62752926
出版部62754962
印　刷　者:北京宏伟双华印刷有限公司
经　销　者:新华书店
730毫米×1020毫米　16开本　13印张　147千字
2011年11月第1版　2011年11月第1次印刷
定　　　价:35.00元

本书受教育部人文社会科学研究项目“职业价值观对组织政治知觉及工作行为影响研究——以国有企业员工为例”(编号:08JA630037)、国家自然科学基金委员会重点项目“转型经济下我国企业人力资源管理若干问题研究”(编号:70732002)、国家自然科学基金面上项目“新生代农民工组织认同对工作嵌入及其绩效影响的实证研究——以中国制造企业为例”(编号:70972037)资助

推荐序

近些年来,随着经济全球经济化进程的加快和中国市场经济环境的改善,越来越多的跨国公司将中国市场作为全球业务拓展中的重要区域对象,其业务活动渗透的程度之深、领域之广,不仅满足了跨国公司自身的利益诉求,而且对中国市场经济的发展进程和实现经济发展方式的转型也产生了重大影响。在日益激烈的市场竞争中,跨国公司凭借其强大的品牌效应和优质服务居于行业领先地位,赢得了消费者的信赖和肯定,在这其中,作为其软实力之一的经营战略和企业文化发挥了重要作用,成为中国企业制定发展战略和培育自身企业文化的典型例证。

A. O. 史密斯公司是美国老牌的热水器产品生产商。在进入中国市场的十余年中,A. O. 史密斯(中国)公司不断追求技术创新和产品质量的改善,保持了年均20%以上的增长速度,迄今已成为国内热水器行业的领军者。A. O. 史密斯(中国)公司的成功固然取决于多种因素,但在我看来,最重要的一点当属引领其一路前行、深厚成熟的企业文化,与A. O. 史密斯(中国)公司的总裁丁威先生的管理也是分不开的。

A. O. 史密斯(中国)公司的文化是实实在在的,因为它们把文化内化到了每个员工的血液里,具体到了每个员工的一言一行;A. O. 史密斯(中国)公司的文化是踏踏实实的,因为他们在眩目的成绩面前不骄不躁,专心致志地做好每一件事;A. O. 史密斯(中国)公司的文化是深刻厚重的,因为他们将文化看做一家企业的基因,并认为这种基因将伴随着企业的成长与发展;A. O. 史密斯(中国)公司的文化是实用有效的,因为他们把文化的传播与企业的绩效有机地结合了起来。

南京大学商学院和 A. O. 史密斯(中国)公司已经保持了多年的合作关系,除了举办一些学术沙龙之外,我们还会定期地组织学生到公司去参观和学习。这种关系的建立与维系,一方面是出于理论与实践结合的考虑,另一方面也是因为我们在文化建设上有着许多共同之处——我们都在为我们的顾客、我们的学生提供最优质的产品、最满意的教学服务而不懈努力!

杨东涛教授与丁威总裁合作研究 A. O. 史密斯(中国)公司的文化已达十年之久。现在坊间也流传着一些关于 A. O. 史密斯(中国)公司的研究资料和媒体报道,但在各类出版物中,很少有像这本书这样长时间地、深入地渗透到这家企业中去,将搜集到的资料生动翔实地进行叙述、归纳、分析和总结,展现在读者面前的。另外,本书的创作者还特意省略了“评论性”的语言,这实际上也更加符合管理的实践性和逻辑性,因为任何企业在建立和发展中所面临的问题往往都是独特且具体的,评论上的空白更能引发读者的诸多联想和思考。

祝愿 A. O. 史密斯(中国)公司事业发达,基业长青,也希望越来越多的中国企业能够像 A. O. 史密斯(中国)公司那样,创造出更多属于“中国制造”的精品!

南京大学商学院院长、教授、博士生导师　赵曙明

2011 年 6 月 1 日

自序

本书的出版,可追溯至20世纪80年代的一个想法。那时,我国出版的与管理有关的书籍中,有不少都是关于中、美、日企业管理比较的,但因本人天生悟性不太高,看后不得要义,于是萌生了分别深入调研一家美资、一家日资和一家本土企业的想法,以进一步体会三者管理的差异,从调研了解到的企业管理实践中帮自己释疑解惑。1992年我有一次去常熟江南仪表厂(一家乡镇企业)参观学习的机会,参观时我将拟对该厂开展深度调研的想法与该厂厂长进行了交流,得到厂长的全力支持,其研究成果——《以人为中心的管理》一书,1993年由江苏人民出版社出版。但其后数年,我一直未寻找到愿意接受我去开展深度调研的日资、美资企业。直到1998年,美国A.O.史密斯公司购买了与其合作的南京玉环热水器厂的全部合资股份,成为美商独资公司(全称A.O.史密斯(中国)热水器有限公司,以下简称史密斯公司)后,我与该公司有了接触,并获得了开展深度调研的机会。但在开始几年,史密斯公司一直处于亏损状态。"成者为王,败者为寇",一家企业管理的优劣,都是由绩效(包括财务绩效和人力资源绩效)来说话的。"失败的企业都一样,成功的企业有各自的精彩",因此对处于亏损状态的史密斯公司开展短期深度调研意义不大。于是,我们对史密斯公司的研究计划,从短期深度调研转变为较长期的跟踪观察,看其能否以及如何转亏为盈、展示自己独特的精彩。

在跟踪观察十年后,史密斯公司已成为行业的佼佼者。那么,它在中国十多年的发展历程中,到底发生过怎样的故事?它的中国历程对那些至今仍然陷在困境中的跨国公司有着怎样的启示？它今天的一切对于那些即将走向世界的中国企业又有着怎样的借鉴意义？我们对其进行深度调查、总结研究的时机成熟了。

此外，我的研究团队于2008年申请并获得由教育部人文社会科学研究资助项目“职业价值观对组织政治知觉及工作行为影响研究——以国有企业员工为例”。在该项目研究过程中，我们对国有企业的企业文化建设以及人力资源管理实践予以特别关注，研究过程中所积累的访谈和调研经验为我们审视史密斯公司的管理实践提供了多重视角。随后对史密斯公司所展开的广泛而深入的研究也促进了我们对国有企业文化建设的反思，深化了我们对国有企业员工职业价值观、组织政治知觉及工作行为的研究。

2009年，我安排了部分研究团队成员去史密斯公司实习。研究团队多次对该公司的高管及部分员工进行访谈、交流，并参加了2009年、2010年公司年度管理大会、营销大会和春节晚会。一开始，我将史密斯公司的成功归结为对“品质”与“创新”的追求，但随着我们对公司研究的深入，越来越觉得公司对“品质”及“创新”追求的背后有无形的东西在强力推动。在与史密斯公司高管访谈交流时，他们的回答验证了我们的感觉。他们认为，史密斯公司之所以能够取得成功，除了美国母公司的资金支持外，就是对母公司DNA的传承，持续开展企业文化建设，对“品质”与“创新”的追求只是公司文化的一种体现而已。于是，我将研究的重心从最初的对“品质”和“创新”的分析，转到对公司DNA——企业文化的解读上，完成了对本书主题的凝练。

史密斯公司文化的核心是“四个满意”:客户满意、员工满意、股东满意、社会满意。这种文化的表述很普通,很多企业也有类似的表达。那么,史密斯公司成功的原因究竟是什么呢?经过我们团队的认真调研、深刻分析和反复探讨,发现史密斯公司文化建设的关键点在于注重让文化落地,实现企业文化的软着陆。

进一步研究发现,史密斯公司通过“人”、“活动”和“制度”三个手段来实现企业文化软着陆。“人”指甄选和培育与企业文化相合适的人;“活动”指在文化建设过程中,以“价值观推动”为代表的一系列推广活动;“制度”指文化建设过程中的制度保障。我想到了阿基米德说过的一句话:“给我一个支点,我就能撬动地球。”史密斯公司就是通过“四个满意”为核心的企业文化撬动了“品质”和“创新”,史密斯公司选择的这个“支点”就是“人”、“活动”和“制度”形成的铁三角。我们找到了史密斯公司取得成功的真正原因。

洗去铅华,留下的,终是根于企业灵魂深处的文化!

何以取胜,深思切,必是源于企业文化有效软着陆!

在完成本书的过程中,我得到了来自各方面的支持和帮助。在此,作为署名作者,我谨对以下人士表示我真挚的谢意:首先,要感谢 A. O. 史密斯(中国)热水器有限公司中国区总裁丁威先生。丁威先生以开放的态度,支持我对公司各级人士的采访。我们甚至可以跑到公司的档案库里面,翻开陈年的档案,查看各种通知、会议记录、调研报告、审计报告等,这在加深我对史密斯公司管理的分析中起到了重要的作用。同时,也特别感谢该公司总裁办方文青经理和所有接受我们访谈交流、提供研究资料的史密斯公司员工。其次,我要感谢我的研究团队。我的博士生秦伟平、王林,硕士生雷定欣、万秉洁、赵田田、林林等,他们花费了大量的时间和精力参与本项目的研究和写作。感谢研究团队的支持人员,我的博士生曹亚东、马硕、陈礼林、韦志林、吴杲、储庆鑫,博士后李成江、丁俊武、王帮俊、胡瑞仲,硕士生吴琼、杜雪菲、吴俊、邓沙、马锐华,他们都是我们每一轮修订本书的章节框架和内容的第一批读者和批评建议者,他们的看法和建议给了我很多的启发和帮助。在研究过程中,我们对章节框架的定稿进行了 14 轮修订,对于整本书的内容修订了 10 次才形成最终稿。

肯定地说,摆在您面前的这本著作是集体研究的产物。因对本书贡献者很多,无法一一署名,只能用我一人的名字署名。但既然署了我的名,我自然会对书中的一切错误与问题承担全部责任,并希望得到大家的批评指正。

杨东涛

2011 年 8 月 8 日

目录

序 章

大化之初
——话说史密斯

始建于1998年的史密斯公司至今已在华度过了十二个春秋，十二载先难后易，十二载春华秋实。初创三年，公司连年巨额亏损，2001年公司的市场占有率仅有5.3%，销售额全行业排名第九。但在随后的十年中，公司奇迹般地绝地逢生，创造并保持了年均20%以上的销售额增长率，截至2010年年底，公司的销售额已达25亿元，利润2.6亿元，纳税额2亿元，销售额在国内市场排名第一(见图序1)。公司最终成长为行业的佼佼者，成功地实现了自我的华丽转身。

强劲的增长势头和巨大的发展潜力使史密斯公司成为同行业的佼佼者，作为“跨国公司海外经营的成功典范”，其成为学术界和新闻媒体关注的热点，近年来关于公司的解读与报道越来越多，有的人视它为持续创新的典范，也有人奉它为跨国公司本土化经营战略成功的样板，更有甚者将其视为从跨文化冲突中突围而出的勇士，凡此种种。而公司总裁丁威则喜欢把公司的成功归结为他的“文化基因论”，是“文化的成功铸造了今天的史密斯公司”。

从20世纪80年代开始，文化管理逐渐兴起，企业文化在越来越多的公司“登堂入室”。许多优秀的企业家都将成功归结为诸如“文化”、“价值

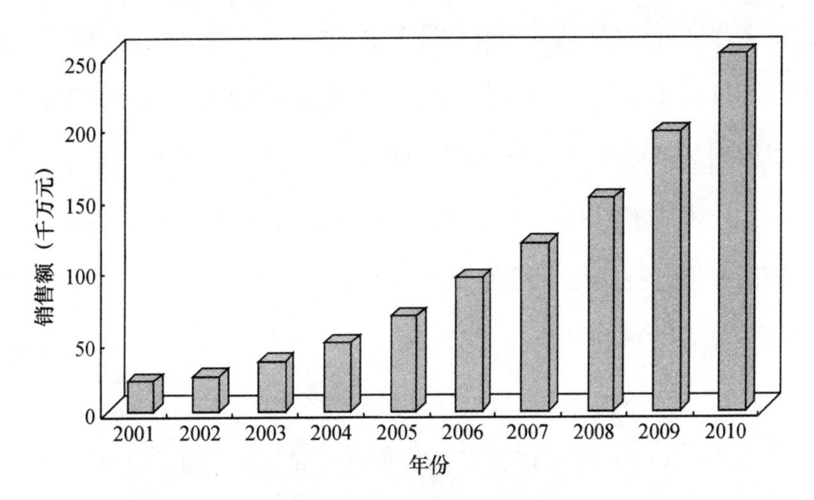

图序1　史密斯公司2001—2010年销售额(单位:千万元)

观”等一些精神层面的东西,比如2009年柳传志重掌联想集团半年后,公司摆脱了连续三个季度亏损的困局,在总结经营回暖的经验时,公司首席执行官杨元庆将其归结为“企业文化选择的胜利”;华为对于《华为基本法》的执著与坚守也使得其最终跻身世界通信行业的第一梯队。但是,近几年来,越来越多的人对“企业文化”产生了审美疲劳,甚至有蔓延开来的趋势,越来越多的人也在质疑文化到底能给企业带来多大的价值。比如像三鹿集团这样曾把“为了大众的营养健康而不懈地进取”作为宗旨,把“诚信”与“责任”作为核心价值观的企业却发生了“三聚氰胺事件”;与富士康公司所提倡的“以坚定及无私的理念贯彻谋求员工、客户、策略伙伴、社会大众及经营层的共同利益”相对比,2009年深圳富士康员工的“连跳现象”,都引发了我们深深的思考……

联想、华为、三鹿和富士康,同样都是行业中的佼佼者,都在努力弘扬各自的文化，为何最终的境遇却如此悬殊，其中一个重要的原因就是它们对文化的重视和运用不尽相同。文化的力量是强大的，但前提是要将文化切实贯彻到员工思想中，并体现到行动上。

那如何才能塑造出一套成功的企业文化？联想和华为已向人们揭示了它们的方式，史密斯公司那些傲人的数据也向人们昭示了它们在企业文化方面不仅有独到的领悟与见解，而且也有着建设文化的“独门暗器”。因此，我们不禁要问：

➢ 短短十年间，史密斯公司是凭借什么迅速成长为行业翘楚的？文化在其中扮演了一个什么样的角色？

➢ 史密斯公司是如何让企业文化渗透到员工的思想中，让文化“软着陆”的？

➢ 史密斯公司的企业文化如何体现为员工们的共同行为，成为公司盈利的“力量”源泉？

本书希望能从史密斯公司的优秀管理实践中让大家体悟到企业文化对于企业而言，不只是“锦上添花”，更能营造“蓬荜生辉”的效果。

第一节　萍踪揭秘

十多年来，我们曾无数次走进史密斯公司：或是带领本科生参观公司生产流水线，或是介绍研究生进入企业实习，或是组织 MBA 学员与公司高管恳谈，或是受邀参加公司季度和年度总结大会。每一次都诱发我们深深地思考:沉稳低调中何以彰显无限活力？固执保守中何以激发持续创新？追名逐利何以能心系社区？章法无度何以能造就井然有序？每次思考及大讨论都带给我们极大的启发和无限的创作冲动。十多年在公司进进出出,十多年看似凌乱无序的思考,十多年星星点点麻雀式解剖让我们一步步从混沌走向明朗。在此,我们尽最大可能将史密斯公司的过去、现在以及触手可及的未来呈现给大家。

一、寻踪觅影

史密斯公司骄人的数据背后总有其更深层的东西,为了揭开隐藏在背后的秘密,我们通过各种渠道收集所需的信息。除了通过书报文摘、互联网外,我们还采取了一些更直接的方式,比如定期参加公司内部会议、对公司的管理者进行访谈,让小组内的多名成员以实习生的身份进入公司观察了解,等等。经过长期的搜集,我们获得了大量丰富而真实的资料。在这个过程中,我们发现了很多有趣的东西:

➤ 一元化的扩张之路。史密斯公司认为想要打造百年老店,就要耐得住寂寞。多年来公司一直秉承“聚焦化”战略,经营领域从未跨出热水器产品领域一步。史密斯公司虽然也认为聚焦化经营的企业在规模和品牌知名度上往往都没有多元化的企业大,但这并不意味着竞争力就比多元化的企业弱,长期专注于一个产业所积累的经验以及文化上的积淀同样也有着强劲的生命力。正是凭借于此,公司最终成长为行业翘楚。

➤ 低调中的口碑营销。史密斯公司在媒体广告上的投入与其市场地位严重不匹配,在自我宣传方面,行事低调是其长久以来的风格。但在媒体投入上的低调不等于不做营销,公司非常注重口碑营销这种虽然前期速度慢但却具有“滚雪球”效应的宣传模式。

➢ 反反复复的持续激情。“价值观推动”在史密斯公司就像教小孩唱儿歌似的不停地重复着。每一年史密斯公司都会花1—3个月的时间来进行这项活动,去奖励那些在“客户满意度”、“生产流程”等方面作出杰出贡献的项目团队和个人。这项以精神激励为主、物质奖励为辅的活动被公司员工视为最高荣誉。

➢ 凌乱中的井然有序。当众多公司都将详细明了的工作说明书作为公司管理有序、规范化的象征时,我们却没有在史密斯公司发现类似的制度文件。公司此举的目的是不让文字赘述和制度上的条条框框限制了员工的思维,从而激发他们的思想在无界组织中自由驰骋。但思想上的“漫无边际”并没有导致员工们在行为上的进退失据,相反,通过一套严密的“目标管理”体系,史密斯公司的员工在行动时总能做到有的放矢。

➢ 无处不在的消除浪费。在史密斯公司,无论是生产管理还是经营销售,“杜绝一切浪费”都是其首要的目标。公司对于“浪费”的定义有两层:不仅包括“没有为顾客创造价值的活动和环节”,比如库存积压、重复搬运;还包括“本该为顾客创造价值的活动却没有实现”,比如本该占有的市场份额却没有占有。

➢ 四两拨千斤式的激励。持续改进(Continuous Improvement,CI)是史密斯公司的一项常规活动,旨在通过员工的建议,不断地提高公司的生产管理和服务水平。2009年史密斯公司参与CI活动向公司提出各类改进建议的员工达6 768人次(公司总员工数不满4 000人),仅2008年一年,通过 CI 活动为公司创造的价值就高达 3 270 万元。但实际上，我们发现员工通过 CI 活动得到的物质奖励并不算十分丰厚。

从这些看似平常琐碎的事件中，我们隐隐察觉到了史密斯公司在经营理念和管理方式上的与众不同，正是这些不同造就了公司辉煌灿烂的今天。

二、抽丝剥茧

在资料搜集过程中，尽管我们获取了许多有价值的信息，但对于这些信息，我们尚无系统性的认识和判断，因此，本书的首要工作就是把那些隐藏在信息点背后的假设和理论展示出来，并力图找到一个系统的观点去解释它们。

最初，呈现在我们眼前的几乎都是史密斯公司对于“品质”和“创新”的执著追求。比如公司的员工会告诉我们，“我们（史密斯公司）的每一台热水器都是为我们的‘准丈母娘’设计与制造的”，“如果行业标准是在常温下管子里不能出现气泡，那么我们的要求是沸水温度下管子里也不能出现气泡”，“我们对于技术上的创新可以说是痴狂，你要知道我们的母公司在 20 世纪 30 年代的时候只有 8 名销售员工，而技术人员却有 300 多人”。因此，在这个阶段我们的目光被公司中那些与“品质”和“创新”相关的理念吸引，如史密斯公司提倡的“精品路线”和“全方位、全员参与的创新”。

十多年来，史密斯公司一直把品质放在非常重要的位置上。2001 年，公司在经历了前三年连续亏损后，已经初步创建了自己的生产和营销体系,并针对中国市场的特点,成功地将美国产品本土化。更重要的是,在这段时间中,史密斯公司明确了自己未来的定位。当时的中国市场上有着400多个热水器品牌,为了从激烈的竞争中脱颖而出,史密斯公司选择了"差异化竞争,走专业精品路线"。史密斯公司总经理曾举过一个例子:"进口的螺丝不容易滑丝,国产的很容易滑丝,中国已经是航天大国,难道会做不好螺丝?"在史密斯公司看来,中国市场不缺产品,而是缺精品,无论是从观念上还是行动上,差异化高品质路线才是中国市场真正的"蓝海战略"。另外,史密斯公司对于"品质"的定义是广泛的,除了通常意义上我们所说的高品质的产品和服务之外,公司还认为只有满足了客户需求的产品才是有品质的。在这个思路下,从研发到生产,从生产到销售直至服务,史密斯公司都有一套能确保和不断提升产品品质的方式。

此外,史密斯公司将创新作为支撑高品质的重要手段。首先,公司积极鼓励创新,但不赞成为了创新而创新。正如公司口号所宣传的——"Through research,a better way",史密斯公司创新的目的是寻找一种更好地解决问题的方式,而非创造那些无价值的产品和服务。其次,在史密斯公司,创新是一个连续不断、全员参与、细致入微的过程。公司不会出现诸如"下个月是'创新'月"这样的说法,因为公司把创新看做是一个不间断的持续改进的过程。最后,创新绝不仅仅局限在研发和生产体系,只要是对公司有利的改进措施都被认为是创新,比如在每个部门负责人的办公室中新增一张会议桌,从而使得上下级之间的沟通更加融洽,这也是创新。

三、刨根问底

“品质”与“创新”是我们对史密斯公司的初始体验,但在实践中我们发现如果只是把史密斯公司的成功归结为“品质”和“创新”的话则只是回答了一些表象的问题,而非本质。在与史密斯公司高管分享前期的研究成果时,他们的回答也印证了我们的这种感觉。在史密斯公司看来,公司能够成长为现在这样,除了史密斯公司美国总部的资金支持外,就是文化上的支持,对“品质”和“创新”的追求只是公司文化的一种体现而已。因此在接下来的研究中,探究“什么是史密斯公司的文化”、“文化在企业的运营中到底起了什么作用”成为我们的主要工作。

史密斯公司坚信,“企业文化”是其成功的第一要素,每当问及什么是公司的文化时,无论是管理者、工程师还是行政员工,他们给出的答案都很一致,即“四个满意”。简单地说,史密斯公司的文化是“四个满意”——公司所有的行为都要同时满足“客户满意”、“员工满意”、“股东满意”和“社会满意”。其实摆在一个企业面前的,无外乎就是“客户”、“员工”、“股东”和“社会”这四个利益相关者群体,谁摆在第一位、谁摆在最后一位,孰轻孰重,每一个企业都有自己的选择。对于这个问题的回答没有所谓的正确答案,史密斯公司的选择是将这四者一视同仁,不分先后。

公司的高层在谈到“企业文化”这一概念时并不避讳与“钱”有关的话题:“公司成立与发展的基础是钱,文化的建设也需要钱,因此不能撇开‘钱’去谈‘文化’,而史密斯公司的‘文化’也正是告诉公司员工‘怎样去赚钱'——你在赚钱的时候要考虑到客户、员工、股东和社会是否都满意了。"

尽管文化是个"奢侈品",但史密斯公司高层自始至终坚持认为"先有文化再赚钱",而不是"先赚钱再谈文化"。一个在公司流传甚广的故事对此做出了精彩的解释:一只老虎,哪怕你像养猫那样去养它,它长大了还是一只老虎;一只猫,哪怕你像养老虎那样去养它,它长大了也还是一只猫,它们的基因决定了它们未来的成长。同样,"公司的基因决定了我们的成长,而我们的基因就是我们的文化。文化的建设自史密斯公司成立的那天起就进行着,也正是这种自始至终的坚持,为公司文化的落地、生根、发芽、开花、结果提供了良好的氛围"。史密斯公司总经理如是说。

"行为体现文化"是史密斯公司对于文化的一种独特见解。公司认为"四个满意"的企业文化不能直接被观测,只能通过公司员工共同的行为体现出来,而史密斯人的共同行为就是我们之前提到的对于"品质"和"创新"的执著追求。比如在品质方面,史密斯公司认为,只要公司提供了真正高品质的产品与服务,客户就一定会满意、会购买,而只要客户大量地购买,公司就能盈利,并进而通过盈利来提高员工的薪资福利、提高股东的收益率、提高政府的税收,而这实际上就在某种程度上达到了客户、员工、股东和社会的共同满意。"文化"、"品质"、"创新"和"赚钱"在史密斯公司是统一的整体,文化指导员工通过提高品质和持续创新的方式去赚钱,而赚到的钱又反过来加强公司文化的建设,而公司也正是在这种相辅相成的协调状态下不断地进步并取得成功。

第二节　章节掠影

从寻踪觅影到抽丝剥茧再到刨根问底,我们将公司管理精髓总结为如图序2所示,全书的写作也将围绕该图展开。

阿基米德说:“给我一个支点,我就能撬动地球。”此语虽然夸张,但也说明了通过杠杆这个工具,人们可以凭借小小的力量去撬动一个庞然大物。在史密斯公司“小小的力量”就是公司的企业文化,“支点”是公司将文化落到实处的关于“人”、“活动”和“制度”的各种做法,“庞然大物”就是能够给公司带来利润的强调“品质”和“创新”的各种行为。简而言之,本书的主要内容是介绍史密斯公司如何通过“人”、“活动”、“制度”这个三角支点,用“四个满意”的文化理念培养公司员工在追求“品质”和“创新”上的集体行为。

第一章,我们着重介绍“史密斯公司文化是什么”。通过对企业文化发展脉络的梳理,借助美国学者沙因的文化层次分析法,我们对史密斯公司的文化做了详细的解读,并简要分析史密斯公司实现文化软着陆的着力点。

第二章,我们重点解读史密斯公司是如何培育出让企业文化落地生根的土壤的。史密斯公司一方面通过领导者行为榜样的力量让文化引导员工行为,通过领头羊带领员工,将文化理念传达下去;另一方面依靠文化自身的感染力和凝聚力,塑造员工,通过文化筛选寻找到有潜力的文化载体,通过文化培训将理念深入传输,最终打造出符合企业文化的健康载体。

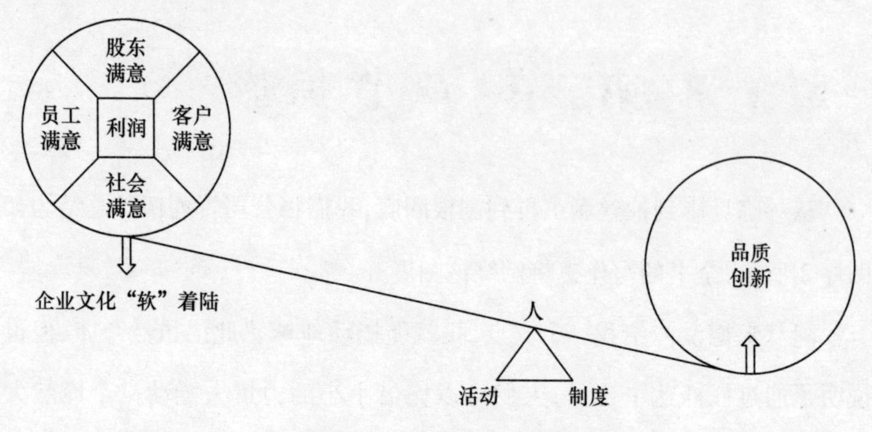

图序2　史密斯公司杠杆图

第三章，我们详细介绍史密斯公司是如何让公司文化深入人心的。首先依靠“四个满意”自身的感染力和凝聚力，从外部筛选过滤，找到有潜力、可雕琢的员工，让员工符合“四个满意”；其次通过“四个满意”进行思想净化，进行员工“四个满意”的文化“洗脑”，通过各种文化培训让员工了解“四个满意”；最后通过领导者的领头羊作用，进行思想升华，引导员工在日常工作中体现“四个满意”，最终将员工打造成“史密斯人”，实现“四个满意”造就人才。

第四章，我们着重探讨史密斯公司是如何将公司文化内化为员工的行为的。为此公司采取了多种方式去打破员工固有的思维束缚，训练他们新的思考方式，从而使得他们解决问题时能够同时兼顾顾客、员工、股东、社会四者的利益。但打破旧思维和发散新思维不等于让员工的行为成为脱缰的野马，史密斯公司同时也制定了严肃、严谨、严格的目标管理体系去保证员工们的行为有的放矢。

第五章，我们着重描述史密斯公司如何在追求品质中落实公司文化。公司坚持的“品质至上”是公司为自己所重视的四个利益相关者群体创造价值的根本。公司对品质的重视是基于长期战略发展的需要，将品质意识自上而下地传递给公司所有员工，真正做到“以品为略”、“以质为识”。公司以市场需求为导向，以严谨的产品开发过程为保障，以规范的服务反馈为回环，完成了“质始质终”的全方位品质管理实践。而在战略的落实、品质意识的传递、“质始质终”的全员实践过程中，处处闪耀着“四个满意”企业文化的引导和激励之光。

第六章，我们描述了“四个满意”文化的软着陆是如何提升史密斯公司及全体成员的创新的。创新能够创造出满足客户需求的新产品，带来新的利润增长点，降低生产运营成本，提高生产效率，保证“盈利”的实现，是“四个满意”文化软着陆的行为结果。公司历来重视创新，致力于与文化相符合的创新行为。伴随着文化的软着陆，公司将全员参与创新作为一项重要的方针。不仅管理者在日常工作中身体力行，重视培育员工的创新意识；普通员工也从发现自身工作流程中的不便着手，参与创新。此外，公司的创新是一种全方位创新模式，不仅包括产品创新，还包括在企业生产经营流程各方面所进行的改进、改善，即流程创新。就产品创新而言，改进产品创新和全新产品创新兼而有之。此外，公司为员工参与流程创新提供了一个可操作的实际平台——CI，以此推动各种创新想法转化为实实在在的效益。

第七章，引发共鸣，启发读者反思。成长的背后并非一帆风顺，史密斯公司在文化建设上也有着许多的困难与瓶颈，这些问题出在哪？如何解决？我们将会给大家提供一些可供参考的思路。

第一部分　大化之矢——“四个满意”立宗旨

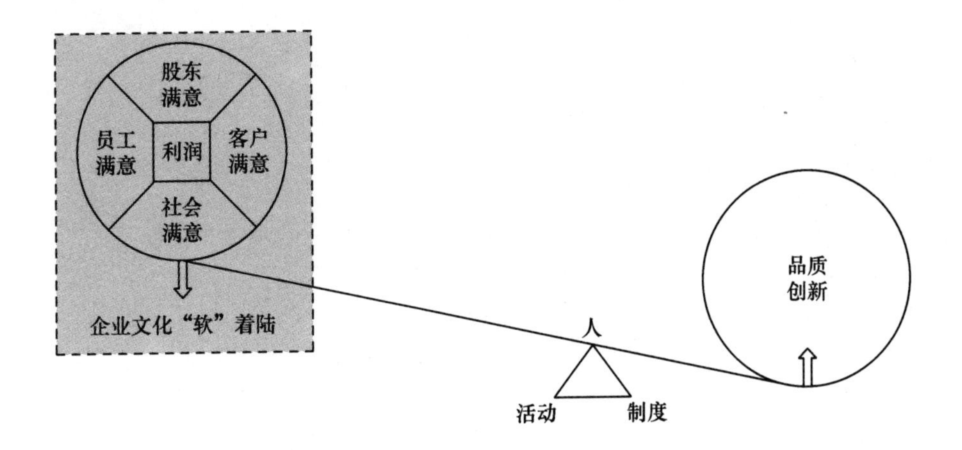

第一章

大化之宗
——“四个满意”

通过对企业文化理论的梳理,本章重点探讨"史密斯公司文化是什么"。通过沙因文化层次理论,本章分层剖析了史密斯公司文化,发现它是以"四个满意"为核心的文化体系,这一文化体系能给管理实践带来许多思考和借鉴。

第一节 无形的手

企业文化就像"空气",看不见、摸不着,但对于企业很重要。史密斯公司总裁丁威认为,"做企业是没有终点的马拉松,而不是一百米的短跑。成功企业有成功的'基因'。在经营企业的过程中,要抓这些本质的东西。企业需要天天在企业文化上面下工夫"。本节内容主要通过对有关企业文化的国内外文献梳理,简洁地叙述企业文化的来龙去脉与内涵,以及企业文化促进企业成功的必要条件。

一、企业文化的来龙去脉

企业文化的提出源于对 20 世纪 60—70 年代日本企业腾飞的深层次

思考。众所周知，第二次世界大战后至20世纪60年代末，作为世界经济第一强国，美国无论在国民生产总值、工业产量，还是进出口贸易额、黄金外汇储备等方面均居世界首位。但随着日本经济迅速崛起，美国的经济优势开始逐渐丧失。特别是20世纪60—70年代，日本企业在许多领域已经成为美国企业的强大竞争对手。尼克松总统（1971）哀叹：“美国遇到了我们甚至连做梦都想不到的那种挑战。”许多曾经“世界第一”的美国企业此时不得不冷静下来反思：为什么第二次世界大战后经济上濒临崩溃的日本在短短二十多年能获得如此辉煌的成就？许多美国学者不远万里赴日本考察，研究日本企业成功的根本原因，试图为美国企业流程再造寻找新的方向。一时间，美国出现了一股对日、美企业进行比较研究的热潮。许多研究发现企业文化是促使日本企业取得成功的重要因素之一。

1980年，美国权威性杂志《商业周刊》以醒目标题报道了“组织文化”，接着《斯隆管理评论》《哈佛商业周刊》《加州管理评论》和《管理评论》等先后以较突出的篇幅讨论了“组织文化”的问题。此后，企业文化逐渐成为企业管理的流行语，也成为组织领域研究的热点问题，并引发了一股研究的热潮。施密克（1983）认为，“文化并不是什么新东西，新的是它不但在学院内，而且在实践中已为人们所普遍接受”。沙因（1989）指出，“要理解文化，最大危险就是我们在头脑中将其过分简单化”。比如许多企业管理人员将企业文化仅仅看成“公司口号”、“公司标语”和“公司的习俗礼仪”，等等。

沙因（1989）认为，“我们应该从不同的层次来理解企业文化”。他提出了企业文化层次理论，认为企业文化由三个层次组成，即文化表象层、文化表达层和文化假设层,如图 1-1 所示。

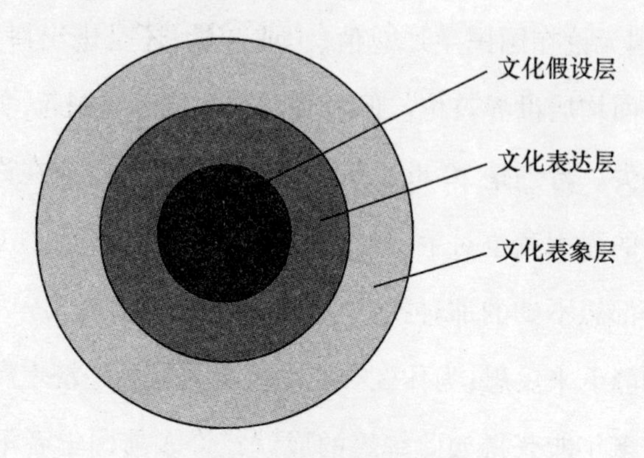

图 1-1 企业文化层次

文化表象层是企业文化的第一层。表象层企业文化是非常清晰的,并且具有非常直观的情绪感染力。虽然从表象层容易看出企业成员之间相互关系和行为的特定方式,但却难以知道这种关系和行为方式的内涵以及之所以这样的原因。表达层有助于我们深入理解这一点。

文化表达层是企业文化的第二层。表达层企业文化通过企业自身的文件、手册、标语、口号、内部刊物等表现出来。它们描述了公司的愿景、价值观、原则和伦理。表达层能否清楚地解释表象层的种种表象呢?有的能,有的不能,而且许多公司的价值观表达与其行为表现之间存在明显的差异。这种差异性说明,在公司,有更深层的思维和意识在推动着表面的行为,这就要深入理解企业文化的第三层。

文化假设层是企业文化的第三层。假设层企业文化是无形的和潜意识的,是企业在特定的历史阶段形成的,是在企业中工作了一定时期后并能在企业中继续工作下去的员工自然默认的那些东西。

沙因(1989)认为,“企业文化的精髓就是这些共同习得的价值观、理念和假设”。这些价值观、理念和假设是通过组织学习获得的。企业文化随着企业获得新的经历将被不断发展。

二、企业文化的影响力

企业文化和企业的文化是两个不同的概念。企业文化是管理者在企业中倡导的文化。沙因提出的文化层次理论关注的是企业文化。企业的文化是企业中实际存在的文化。企业的文化中有企业文化的部分,也有不是企业文化的部分。甚至部分企业的文化在一定条件下会对企业产生严重的负面影响。比如,公司的一些潜规则和组织政治氛围等形成的负面文化。企业文化和企业的文化两者在有些内容上是相互重叠的,但又有不同的部分,如图 1-2 所示。企业文化建设的目标就是让企业的文化和企业文化完全重叠。

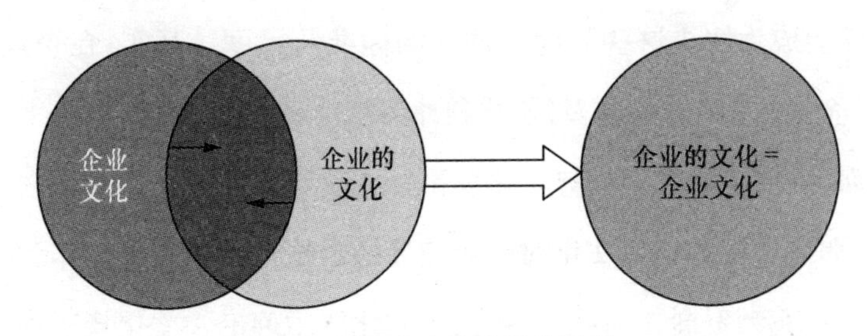

图 1-2 企业文化建设的目标

企业文化在公司经营过程中通过潜移默化的方式发挥作用。相对于弱势文化而言,强势文化对企业绩效有显著影响。国内学者李海和张德(2005)在总结前人研究强势文化的基础上,将之概括为强势文化理论。

他们认为,强势文化理论主要关注企业文化的推广,强调组织成员价值观、理念和假设的一致性。该理论认为,强势文化给企业提供了必要的组织和管理机制,提高了员工的工作积极性;强势文化有利于减少企业对官僚机制的依赖,增强企业的活力与变革能力;强势文化有助于保持企业目标一致性,促进企业经营业绩的增长。

迪尔和肯尼迪(1982)指出,"强势文化几乎总是美国企业持续成功的驱动因素"。彼得斯和沃特曼(2003)也指出,"毫无例外,企业文化的支配性和一致性是优秀企业的本质特征"。丹尼森(1990)认为,组织有效性是组织员工价值观和信念的函数;是组织政策和实践的函数;是将核心价值观与信念持续一致地落实到政策和实践的函数;是核心价值观和信念、政策和实践,以及组织的商业环境之间相互作用的函数。史密斯公司总裁丁威认为,"在实际工作中,管理人员面对问题或冲突时,常常会搞内部平衡,为了某些利益相互妥协,也会存在一些权利之争。这时,'四个满意'的企业文化就会成为解决这些问题和冲突的标准及尺度。其实,在企业中,身体力行'企业文化'的人越多,矛盾和冲突就会越少"。

然而,许多学者对于强势文化理论存在质疑。如果企业文化内涵是不合适的,那么这样的强势文化对企业绩效的影响将十分有限。作为强势文化理论的补充和发展,一些学者提出了文化特质理论。文化特质理论与文化的内涵有关,指一些特定的价值观、理念和假设等。这一理论认为,某些文化特质对组织绩效具有显著的促进作用。

有关这方面的研究虽刚刚起步,但已取得了一些重要的进展。比如,彼得斯和沃特曼(2003)在《追求卓越》一书中提出了优秀公司的八项特质:崇尚行动、贴近顾客、自主创新、以人促产、价值驱动、不离本行、精兵简政和宽严并济。前五项与组织文化密切相关,可以看做是组织的文化特质。这些合适的文化才是使得公司不断成长、持续卓越的主要原因之一。

综上所述,文化对企业具有促进作用必须满足以下两个基本条件:

1. 选择、优化与沉淀

企业文化在本质上要体现优秀公司的特质。我们用合适的文化内涵来表述这些优秀企业所拥有的企业文化。简单来说,企业文化越有效,对组织绩效越具有积极的促进作用。任何企业在建设文化时,都要考虑到企业文化内涵的正确性,但值得注意的是,这些正确的企业文化不一定都对企业的绩效产生有效的积极影响,只有合适的企业文化对企业的绩效才有积极影响。文化特质理论正积极开展这方面的研究工作,并取得了一些成果。所以,合适的文化内涵是提高企业绩效的必要条件之一。

2. 企业文化强推

不断通过各种有效途径,建立强势企业文化;不断增强企业文化和组织成员价值观、理念和假设的一致性;利用企业文化积极协调和解决企业面临的现在和未来的机遇及挑战。只有通过有效的文化强推,使得企业文化和企业的文化在内容上趋于一致,才可能有效提高企业的绩效。因此,企业文化的强推也是影响企业绩效的必要条件之一。

中国制造企业承载着由“中国代工”向“中国制造”更向“中国创造”跨越的重要使命。在这漫漫征程中,越来越多的中国制造企业开始建立合适的企业文化。因为许多研究发现,企业文化对创新有十分显著的作用。比如:杰弗瑞等(1994)研究发现,“任何一个优秀的组织要做的就是创造一种可以为创新提供旺盛生命力的企业文化”。

其实，企业文化对企业的影响是一个复杂的系统，它的成功会受到内部和外部种种因素的影响。成功企业的企业文化不一定适用于所有企业。我们在探究企业文化对一家企业成功的促进作用时，要分析企业所处的内部和外部情景。

第二节　公司文化分层解读

对企业文化演变的简单梳理，有助于我们从更深层次解读史密斯公司文化。为了使读者有较为形象而生动的认识，我们将借助沙因的文化层次分析法对此进行扼要分析。如果用一个词来简单概括这三个层次文化的内容实质，我们认为企业中“感受到”的文化是表象层文化，“看到”的文化是表达层文化，而“真正影响到”员工行为的文化则是假设层文化。

一、公司文化表象层

表象层文化是指当接触公司时，最容易观察到的表层现象的文化。它可以被每个员工感知。任何进入史密斯公司的人都会“触摸”到这些企业文化，会清晰地感受到在这样的文化氛围下员工之间特定的行为关系，也会被这样的企业文化深深地感染。然而，由于每个人的成长经历、工作阅历以及文化层次的不同，每个人体会到的史密斯公司文化内容是不同的。这就好像“盲人摸象”。由于每个人的视角不同，会感受到史密斯文化不同的部分。下面我们通过三位不同经历的史密斯公司员工所感知的文化，来描述史密斯公司表象层文化。

案例1-1

感知的史密斯文化

一位新员工(应届毕业大学生):史密斯公司文化让我感触最深的地方就是它的“一视同仁”。给我印象最深的是一次在食堂吃饭,我看到邻桌的公司副总,他在吃面条,而他的同桌就是一名普通的操作工人。这件事给我的感触很深,企业文化不是一句口号,而是真正地深入每个人的心。另一个给我深刻印象的是“同事之间的相互关心”。此外,员工做事都很高效,“今日事今日毕”的公司文化深入人心……

一位海归员工(有近10年在日本学习和工作的经验):周围的同事们在工作上都是尽心尽力,不会各人自扫门前雪、事不关己高高挂起;工作中不仅和自己部门沟通方便,和其他部门也是一样,不论大事小事总会得到及时的反馈和帮助……进入史密斯公司,我感觉到有一种创业的精神,这种积极进取、勇于创新、结果导向的精神极大地影响着我,激励着我和同事们共同努力……

一位老员工(在史密斯工作了11年):我1999年加入史密斯公司,当时安排做东北区的销售工作。记得刚来公司时,每天直销员报到我这里的销售量都只有几台,有的还是零,一个店一天卖一两台的情况很正常,当时小鸭、大拇指、全友、项棒等现在已不存在的热水器品牌都曾经是史密斯的竞争对手。岁月荏苒，这一路走来，史密斯公司没有做过惊天动地的事情，更没有过急功近利的行为，有的只是踏实的脚步和一点一滴关注细节的积累以及循序渐进的成长，大浪淘沙般洗尽铅华……我深深地感受到史密斯公司坚持品质和持续创新的企业文化。

每一位员工都被史密斯公司文化深深感染着。这些感受到的表象层文化包括但不限于脚踏实地、关注细节、坚持品质、持续创新、结果导向、创业精神、一视同仁和今日事今日毕等。这里，我们不再一一列举。我们可以肯定只要进入史密斯公司，你就可以真切地感受到史密斯公司文化。史密斯公司表象层文化非常直接地告诉每一个员工在特定的情形下应该如何做。但是，它不能告诉你这种行为方式的内涵和之所以这样的原因。这就需要我们继续深入发掘史密斯公司第二层次的文化——表达层文化。

二、公司文化表达层

表达层文化是指公司用相对规范的语言或文字公开表达出来的企业文化。它能够被员工“看到”。在史密斯公司这一层次的文化集中表现为公司的口号、理念、价值观、五项基本原则、用心管理原则以及充满激情的各种活动等。

史密斯公司美国总部自1874年诞生以来，一直重视产品质量，关注技术研究，追求企业创新，并通过“研究”获得不断创新的可能，从而赢得现在和潜在的市场机会。因此，史密斯公司的口号和理念如下：

我们的口号

通过研究,寻找一种更好的方式 (Through research, a better way)

我们的理念

对质量的不懈追求 (A clear-eyed pursuit of quality)

对技术的笃信 (An abiding belief in technology)

坚守商业道德准则 (An unwavering set of business ethics)

无所畏惧应对变化 (A fearless commitment to change)

对员工负责 (A commitment to its employees)

我们的价值观

争创利润,力求发展 (Achieve profitable growth)

重视科研,不断创新 (Emphasize innovation)

遵纪守法,保持声誉 (Preserve a good name)

一视同仁,工作愉快 (Be a good place to work)

保护环境,造福社区 (Be a good citizen)

这些价值观提供了一套指导方针,告诉我们史密斯公司是如何对待员工以及如何使其成为好的社会公民。同时也告诉公司的员工,作为一个公司,其所重视的是:为公司的客户提供一流的服务并希望他们不断成功;提高公司的运营效率和所有员工的工作效率;不断创新和坚持研究与技术的恒久信念;为员工提供安全的工作环境;让员工成为好公民。史密斯公司的价值观把员工凝聚在了一起,使有着130多年历史的公司传统得以传承。

为了使公司的价值观深入每个员工的内心,并体现在员工的行为上,史密斯公司美国总部从1995年开始了“价值观推动”活动,史密斯公司也从2003年开始了“价值观推动”活动。该项活动设定的奖项有:客户满意奖、产品创新奖、环保贡献奖、公益活动参与奖、管理流程改进奖、生产流程改进奖和工作场所安全奖。“价值观推动”活动已经成为史密斯公司最具影响力且最受欢迎的活动之一。

为了营造良好的沟通氛围,使得人与人之间的工作交流更加职业化和高效率,史密斯公司在日常工作中,倡导人际交流坚持“五项基本原则”(如图1-3所示)。通过多年的持续推行,“五项基本原则”已经成为员工处理日常事务非常重要的行为准则,并成为大家的共识。

五项基本原则	
对事不对人	(Focus on the behavior, not the person)
维护他人的自信和自尊	(Respect people's self-confidence and self-esteem)
保持建设性关系	(Maintain constructive relationship with others)
主动改善情况	(Take initiative to make things better)
以身作则	(Lead by example)

史密斯公司于2004年从美国总部引入了“用心管理原则”(如图1-4所示),积极建立“良好工作场所”,融洽员工之间的关系,提高员工的工作满意度。

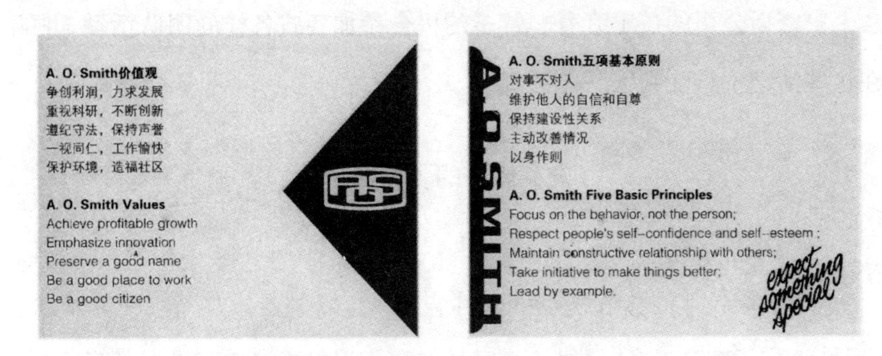

图 1-3　史密斯公司价值观与五项基本原则

用心管理原则

倾听并理解我	(Hear and understand me)
即使你不同意我，也请不要否定我这个人 (Even if you disagree, please don't make me wrong)	
承认我的伟大之处	(Acknowledge the greatness within me)
记得寻找我良好的意图	(Remember to look for my loving intentions)
用怜恤的心告诉我事实的真相	(Tell me the truth with compassion)

图 1-4　史密斯公司用心管理原则

史密斯公司的员工有着非常多的机会参加各式各样的团队活动，并能在这些活动中感受到家一般的温暖。

充满激情的各种活动

1. 员工家属日活动

员工家属日活动又叫“family day”活动，该活动主要是邀请员工的家属和孩子来到史密斯公司，让家属和孩子了解史密斯公司及其家人在史密斯公司的工作情况。

2. 与春天互动

每年的春天，史密斯公司都会开展各种室外活动。组织员工、员工家属和孩子充分享受大自然的美景，陶冶生活情趣。

3. 旅游

每位史密斯公司员工都可以参加公司组织的旅游活动，或由员工们自己组成团队前往心仪的旅游胜地，公司给每位员工一定的经费支持。

4. 春节联欢大会

每年春节邻近的时候，史密斯公司和部分员工家属都会隆重举行春节联欢大会。联欢会的绝大多数节目都是由员工原创的，而且几乎所有节目的演员都是员工。他们利用各自的特长，抓紧业余时间紧张排练，演出的氛围和效果非常好，史密斯公司的春节联欢大会总是非常精彩。

5. 体育活动

足球、篮球、羽毛球……只要你想运动，在史密斯公司就能找到伙伴！史密斯公司每年都会安排不同体育项目的比赛，以增进员工和部门之间的凝聚力。

史密斯公司的表达层文化部分解释了公司员工在工作场所为什么表现出这样的行为，即部分解释了表象层文化。

虽然很多公司表达企业文化的文字或开展的活动等与史密斯公司是十分相似的，但是这些公司被人感知的企业文化和史密斯公司企业文化却存在一些差异，有的甚至完全不一样。这说明，在“表象层”与“表达层”背后，企业还存在着更深层次的“真正影响到”员工行为的“默认的和共享的”文化。如果我们试图真正认识史密斯公司文化，就必须破译这些更深层次的东西，搞清楚它们到底是怎么回事。下面我们将探讨史密斯公司第三层次的文化——假设层文化。

三、公司文化假设层

假设层文化是指员工所“共享的”、“默认的”以及认为是“理所当然的”行为规范。它是“真正影响到”员工行为的企业文化。史密斯公司在中国快速发展的十多年时间里经历了失败与成功，最终沉淀下来许多理念性的东西，成为企业内部员工共同默认的“假设”。这些“假设”不同于我们前文中感受到的表象层文化，也不同于体现在规范的语言和文字上的表达层文化；这些“假设”随着企业继续获得成功而变成员工“共享的”和“理所当然的"行为规范;这些"假设"是企业处理内外部关系的行为总则,真正影响着每一位员工的行为。

史密斯公司总裁丁威认为,"我们经过长时间的学习和思考,'四个满意'已经成为史密斯公司共同默认的价值取向和行为规范。'四个满意'即'客户满意'、'社会满意'、'员工满意'和'股东满意'。'四个满意'需要同时考虑,不能厚此薄彼。我们要像信奉'宗教'一样,在企业内部强调'四个满意'"。史密斯公司"四个满意"已经成为史密斯公司文化的核心内容,是史密斯公司的假设层文化。

1. 客户满意

"客户是上帝",这是每位商界从业者耳熟能详的最基本的经营理念。但有多少企业真正将这一理念落实到行动中去了呢?进入史密斯公司调查和访谈时,我们深刻体会到其是如何通过有效的方法将"客户是上帝"体现在公司和员工的每一项活动中的。史密斯公司将"客户满意"作为各项工作开展的出发点和归宿。为追求"客户满意",史密斯公司最为独到的地方在于它一直致力于技术创新和提升产品品质。

丁威认为,"现在史密斯公司在中国热水器市场零售额已稳居前两位,这些成绩的取得是因为我们始终都在聆听顾客的想法,发掘客户需求,并且有能力设计并开发出满足客户需要的技术和产品。哪怕只是客户的一个小小抱怨,在史密斯研发人员的眼里都可能是一个灵感、一个启发。公司能研发出提高产品性能的功能,不断增加产品的竞争力,为未来的业务增长打下了良好的基础"。

史密斯美国总部集团公司董事长兼首席执行官保罗·乔恩(Paul

Jone)认为:“创新是史密斯公司在中国市场取得品牌知名度的关键力量。我们能够保持市场的持续性扩张的重要原因就在于我们有能力设计出不断满足客户需求的新产品。就在最近几个月,我们又推出了令人振奋的新产品,比如壁挂式热泵产品和阳台壁挂式太阳能热水器。”

随着经济的发展,客户对生活品质的要求也越来越高,对热水的需求量在不断加大。而在能源相对紧缺的今天,客户越来越关注新型节能和环保热水器。为了使客户满意,史密斯公司召集了公司一部分技术骨干致力于热泵热水器的研发工作。2009 年 8 月,史密斯公司第一款也是目前中国市场上第一款整体壁挂热泵辅助式电热水器成功问世。在德国柏林举办的 2009 年世界消费电子展上,史密斯公司的阳台壁挂太阳能电热水器获得家用电器绿色环保产品创新大奖,成为行业内创新领跑的佼佼者。史密斯公司的阳台壁挂太阳能电热水器,代表了中国家电行业的顶级技术水平,其绿色节能环保的创新理念得到了众多与会专家的高度认可。

这都是史密斯公司专注于技术和品质,不断通过产品创新来使客户满意的最好例证。类似的事情几乎每天都在史密斯公司发生。这就是史密斯公司坚持的生存之道:客户永远是对的,客户满意是我们的追求。

产品售后服务同样是保证客户满意的一个重要方面。为了做好产品售后服务工作、提高客户满意度,史密斯公司于 2005 年建成并成功运作客户关怀中心,有力地提升了客户服务水平和管理效率。围绕提高售后服务客户满意度,史密斯公司积极参与国家热水器安装标准制定,建立一线安装员工技能培训基地,积极推行安装工程中的“神秘客户检查活动”等。

案例1-2

神秘客户检查活动

“神秘客户检查活动”是史密斯公司售后部门为了追求热水器安装品质、提高客户满意度而采取的一项活动。该项活动的主要内容是:一位资深的史密斯公司热水器安装人员在给用户做好充分的解释工作后,潜伏到即将安装热水器的用户家中,装扮成“神秘客户”,仔细观察史密斯公司安装人员操作的每一个步骤,然后,“神秘客户”对上门安装人员的安装操作规范逐一评价,给予客观和全面的考核。如果“神秘客户”发现安装过程中存在一些问题,会当场给予上门安装人员指导和纠正。该项活动的长期开展极大地提高了史密斯热水器安装的客户满意率。

这些活动的开展,有效提升了一线员工的安装质量和服务水平。另外,为了不断地为客户关怀中心员工补充新鲜的信息来源,提高他们工作的积极性和自信心,自2009年11月下旬开始,公司举办了客户关怀中心“百家讲坛”活动。“百家讲坛”每周一期,邀请各部门经理或公司高管给大家做讲座。“百家讲坛”潜移默化地影响着客户关怀中心每一个员工的思维,有效提高了服务水平。

史密斯公司“客户满意”中对“客户”的定义不仅仅是外部消费者,还包括内部同事。每位员工都会像为客户服务一样服务于他们的同事。史密斯公司内部有一条无形的“服务链”,即销售服务人员是销售管理部、市场部的内部客户,销售服务人员理应得到满意的内部服务。而销售管理部、市场部又成为人力资源部、财务部、总裁办等支持部门的内部客户，同时人力资源部、财务部、总裁办等公共服务部还为整个公司提供服务。这条看不见的“服务链”串起了从生产、销售到服务的公司运营管理的每个环节。

在容积车间可以经常听到这样的话：“我们的下一道工序就是客户！我们工作的好坏不是自己说怎样就怎样，而是由我们的客户评价决定的！”这已经成为该车间每个员工工作的根本标准。史密斯公司所倡导的“内部客户服务”，就是把内部客户服务量化为 ASTAR 五个指标，即 Attention（关注）、Speed（速度）、Trustworthiness（可靠）、Accuracy（准确）和 Resourcefulness（有能力）。史密斯公司建立了“ASTAR 服务之星”的评价机制，评为服务之星的前三名会得到奖励，而排名靠后的会被要求限期整改。

总而言之，史密斯公司价值观中的“重视科研，不断创新”，体现在企业方方面面的行为上，反映的正是“客户满意”的核心文化。

2. 社会满意

企业作为社会的一分子，源于社会，理应造福社会、回报社会。史密斯公司一直坚持“社会满意”的企业文化，秉承做好社会公民的理念，不断追求产品高品质，通过产品创新，为社会提供清洁、环保和节能的绿色产品，比如太阳能和热泵系列产品。一方面，史密斯公司为社会创造价值，2008 年和 2009 年史密斯公司成为南京高新区的纳税大户。另一方面，史密斯公司在自身发展的同时，始终关注对社会的回报，将员工参与公益活动作为推动企业文化建设的重要手段。

自1998年11月史密斯公司在南京独资建厂以来，始终秉承“社会满意”的宗旨，把培养员工社会责任感和提高员工综合素质作为企业目标之一。1999年公司独资建厂一周年之际，在公司几名普通员工的倡议下，由公司人力资源部开展捐资助学活动，全体员工积极响应，慷慨解囊，每月捐出自己的一部分工资。公司在员工捐助的基础上再投入2倍的金额，建立“史密斯爱心助学基金”。2009年12月，史密斯公司利用这些爱心助学金共捐资100万元建立了南京首座以外资企业命名的小学——史密斯高淳博爱小学。

史密斯高淳博爱小学

史密斯公司总裁丁威在史密斯高淳博爱小学开工典礼上激情演讲：“公司捐资助学体现全员参与，许多长期捐款的员工来自生产一线，他们自己也并不富裕。但是为什么还是长期参加捐资助学？这体现了公司员工对社会的一种责任心，一种关爱社会的情感。我们建博爱小学，不仅仅注重硬件的改善，今后会更加注重学校内在品质的提高。公司已经成立捐资助学推动小组，鼓励员工和这里的师生长期互动，在提高教学质量上多作贡献，并建立优秀师生奖励基金，争取让这所小学成为高淳乃至南京市最好的小学之一。”

史密斯公司追求“社会满意”不仅仅体现在全员参与的行动上，更加体现在公司对一些重大突发性事件的处理上。在“非典”肆虐时期，史密斯公司对外宣布自2003年6月1日起，在中国市场每卖出一台热水器，就向江苏省红十字会捐出10元钱。所有款项由江苏省红十字会转赠给染病的一线医护人员，用于治疗及抚恤。2008年5月12日，四川省汶川县发生强烈地震。灾难发生后，史密斯公司第一时间成立行动委员会，并在5月13日通过江苏省红十字会向地震灾区捐款200万元人民币，成为首批向地震灾区提供援助的企业之一。与此同时，员工自发组织为灾区捐款近26万元。5月14日上午，南京市组织为汶川地震受伤人员无偿献血活动。这一消息传到工厂，不到10分钟各部门就排起了超过300人报名献血的长龙。当时，史密斯公司美国总部采购部经理 Mike Poole 恰好在中国工厂考察，53岁的他也积极参加了这次无偿献血活动。灾后，史密斯公司向成都地区派出特别救援小组，为那里的4个灾民安置点的5 000多灾民免费安装了价值20万元的热水炉和热水器。

一言以蔽之，史密斯公司价值观中的“保护环境，造福社区”，体现在做“社会好公民”的行为上，反映的也正是“社会满意”的核心文化。

3. 员工满意

史密斯公司一直坚持认为，人力资本是企业的核心资源，正是员工创造了企业现在和未来的价值。坚持以人为本的理念，必须关注员工满意。“员工满意”已经成为史密斯公司全体成员共同遵守的行为规范。

赫茨伯格双因素理论对公司如何做到让员工满意给出了较好的解释。首先，从激励因素看，史密斯公司关注工作本身以及对工作成绩的认可给员工带来的成就感。通过探寻有效的管理方式，史密斯公司在重要岗位设计时注重工作内容的丰富性、复杂性和挑战性。史密斯公司经常以矩阵式结构召集公司内部优秀员工组建项目工作团队。项目工作团队不仅仅使得工作极富挑战性,而且在工作内容复杂性和多样性方面也是其他企业无法比拟的。史密斯公司常见的"项目组"结构不仅有效地体现了公司重大的战略目标,而且极大地激励了员工的工作热情。史密斯公司笃信技术改进和创新能给企业带来价值,在公司内部每天发生着大大小小的创新行为,比如,公司内部一直坚持持续改进。这种对创新的追求,使史密斯公司员工每天都体验到工作的挑战性。史密斯公司一直坚持"可量化"的考核机制,在制度和机制上面保证公平原则,比如,公司的人力资源矩阵(这将在本书的第四章中详细介绍)。它设置了详细的考核指标,衡量每位员工的业绩和潜力。这些考核结果将作为员工今后职业发展的重要依据。另外,史密斯公司让每位员工在薪酬方面尽量感到公平,他们通过薪酬调查公司,定期关注行业内的薪酬情况,并以此为依据,为员工提供有一定竞争力的薪酬。可以说,史密斯公司为年轻人施展才华、实现抱负搭建了人生舞台。

其次,从保健因素看,史密斯公司自1998年成立以来,把能给员工提供舒适的工作环境和工作条件作为工作重点。我们进入史密斯公司调查,发现成立之初建设的办公硬件设备和形成的办公条件,现在看来都有相当的合理性和一定的装修档次。这一点和许多民营企业在成立之初有很大不同。史密斯公司积极探寻有效方法和方式,建立良好的人际工作关系。比如,史密斯公司"五项基本原则"营造了良好的沟通氛围,使得人与人之间的工作交流更加职业化和高效率;它坚持"用心管理原则",积极创建营造了

“良好工作场所”，融洽员工关系，提高员工满意度。另外，史密斯公司十分注重通过一些积极的活动来营造和培养员工的企业归属感。

案例1-4

员工家属日活动

该活动主要是邀请员工的家属和孩子来到史密斯公司，让他们了解史密斯公司及其家人在公司的工作。活动的重头戏是让家属和孩子参观工厂车间和产品展厅。通过参观工厂车间，他们会更加直观地了解史密斯公司的情况，以及理解他们的家人在史密斯公司从事的工作。甚至，他们中有的孩子会跑到爸爸妈妈工作的操作岗位前来个亲密接触。产品展厅里陈列着从“电”家族，到“燃气”家族，再到“绿色产品”——阳台壁挂太阳能热水器等系列产品。通过参观产品展厅，他们了解到史密斯公司的产品，更加了解了史密斯公司的历史。员工家属日活动会在最后安排一场“员工子女才艺秀”，这是整个活动的一个亮点。几乎每个参加活动的孩子和家属都会表演一个精彩的节目，通过文艺演出拉近了他们之间的情感距离。员工家属日活动体现了史密斯公司“员工满意”的企业文化。

史密斯公司假设层文化中的“员工满意”体现在公司的各项活动和计划里。我们在对一位史密斯公司中层管理人员进行访谈时，他曾经这样评价史密斯公司，“在史密斯公司工作的员工的薪酬不是很高，有些员工跳槽后会找到比现在薪水更高的职位。但是，他们谁都不愿意走。有的人走了后,过一段时间,又回来了。这就是真实的史密斯公司”。这令人费解,然而反复琢磨,答案就在“员工满意”的企业文化本身。

案例1-5

史密斯公司美国总部全球奖学金计划

该计划委托“美国奖学金组织”这一独立的第三方进行评选。综合考虑每一位申请者的学习成绩、学校和参与社区活动、实习或者工作经历、曾经获得的奖项等因素。奖学金额度为每人每年1500美元。奖学金项目的申请过程非常简单,只要在公司全职工作满一年的员工,子女符合以下两个条件,就可以申请该奖学金:① 年龄不超过24岁,且无独立谋生能力。无独立谋生能力子女是指亲生或依法收养的,居住在员工家中、主要由员工供养的子女或继子女。② 全日制高中三年级学生,或参加国家高考后正式录用的国家全日制本、专科院校非毕业班学生。

4. 股东满意

企业以盈利为目的,只有盈利的企业才能实现股东价值。让股东满意已经是史密斯公司员工默认的“理所当然”的行为准则,以及处理一些重大事件和理顺企业内外部关系时必须遵守的行为规范。股东满意是史密斯公司文化重要的核心假设之一。史密斯公司总裁丁威认为:“我们是外资企业,在思考和处理任何问题的时候都必须要让股东满意。如何才能让股东满意呢?我们必须关注一些重要的财务指标,比如年销售增长率、投资回报率和平均销售增长率等。”

2009年度,史密斯公司美国总部所有下属公司中史密斯公司年销售增长率、投资回报率和平均销售增长率等财务指标均名列第一。这些数据表明史密斯公司已经成长为一个具有较强盈利能力的公司,已经是史密斯公司集团内部的佼佼者。同时,这种快速健康发展的势头也兑现了史密斯公司一直秉承的让股东满意的承诺。这些良好的市场绩效使得“A. O. Smith”已经成为中国热水器市场最为知名的品牌之一。

中国市场研究机构北京中怡康时代市场研究有限公司发布的2009年8月热水器零售额市场占有率数据显示:史密斯公司的销售额位居行业首位;史密斯热水器已成为畅销热水器品牌,进一步稳固了其在中国热水器行业的领导地位!显然,经过十多年的努力和拼搏,史密斯公司在中国热水器行业取得的品牌价值,更加有效地使得股东利益得以实现。

企业利润等于销售总额减去总成本。为了实现股东满意,史密斯公司在做好营销工作的同时,还不断加强内部成本管理。通过积极寻找有效的方法、创新管理方式,取得了显著的管理效果。2008年12月启动的“成本降低3 000万元”项目,即是典型的有效管理项目之一。

可以说,史密斯公司价值观中的“争创利润,力求发展”,体现在公司各项行为上,反映的也正是“股东满意”的核心文化。

第三节　公司文化系统解读

本节的重点是解读史密斯公司文化。通过解读,让读者了解史密斯公司文化的本质,消除疑惑和异议,从而更加清晰和完整地理解史密斯公司文化。

一、整合观念

假设层文化是整个企业文化体系中的核心,它是真正影响员工行为的本质所在。在分析完史密斯公司"四个满意"的假设层文化后,一些读者不免会问,史密斯公司在遇到具体问题时,是否会将"四个满意"视为同等重要,而不考虑其先后顺序?

史密斯公司总裁丁威认为,"史密斯公司在解决具体问题时会同时考虑'四个满意',不会厚此薄彼。'四个满意'之间相互约束、相互促进,它们是一个综合系统。过分强调哪一个满意都是不恰当的、不合适的和不合理的。我们要向信奉'宗教'一样,在企业内部强调'四个满意'"。史密斯公司通过大家共同默认的"客户满意、社会满意、员工满意和股东满意"来协调公司每项决策,规范员工行为。企业文化中共同默认的"假设"是同时满足"四个满意",任何决策和行为一味强调一个满意或者两到三个满意都将受到公司管理层和员工的否认。

满足每个"满意"的前提条件是企业要有盈利能力。没有利润,任何一个“满意”都是难以实现的。丁威也十分认可“四个满意”的基础其实就是追求利润的观念。他认为:“为了同时达到‘四个满意’,公司必须要有足够的赚钱能力。”所以,史密斯公司每年努力奋斗的目标十分清晰而简单:利润。因此,以公司利润为中心,“客户满意、社会满意、员工满意和股东满意”紧紧围绕其周围,即它们是以利润为中心的“四个满意”,如图1-5所示。

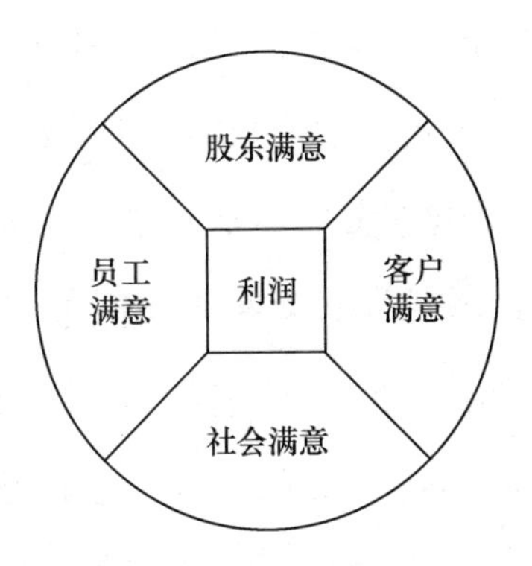

图1-5　“四个满意”的整合

其实,“四个满意”是一个相互牵制和相互促进的系统。如果过多地强调员工满意,大幅度提高员工的工资水平,必然会增加公司成本,给股东造成损失;如果过分地强调产品购买者满意,比如,过分提高产品附加值,将会减少公司利润,从而导致其他方面的问题。相反,恰当地提高客户满意,带来销售额的大幅增长,从而提高公司总体利润,这样才能使得其他“满意”得到更好的满足;通过有效的人力资源管理适当地提高一些优秀员工的待遇水平,促进他们生产效率的提高,从而提高公司总体的盈利能力,也会更好地满足其他方面的“满意”。我们发现,只有真正做到公司内外部各方利益的全面考量,才能最终达到并同时实现"四个满意"。同时满足"四个满意"是一个相互牵制和相互促进的动态过程,这个过程是一个均衡利益的博弈过程。

"四个满意"不仅仅是相互制约和相互促进的系统,更是史密斯公司在快速发展过程中处理内外部问题时员工遵守的一套完整的行为准则。史密斯公司经过十几年的发展,现已成为热水器行业的佼佼者。企业在快速发展中遇到的问题和挑战一般都是全新的,没有可以完全套用的经验和准则可供借鉴。所以,在发展过程中每项决策和将采取的有效行动,对于史密斯公司来说都将是一项创新。在如此繁杂的决策和行为背后必须要有一套统一的行为准则,来指导管理者科学地决策。史密斯公司的"四个满意"简洁地概括了经典的"相关利益者均衡"这一思想,并成为公司面临许多重大问题时处理问题的基本依据。这就是史密斯公司文化变"平凡"为"神奇"之处。史密斯公司总裁丁威曾经说过,"成功企业有成功的基因。在企业建设的过程中,要抓这些本质的东西。企业需要天天在企业文化上下工夫"。我们认为以"四个满意"为核心的企业文化是史密斯公司迅速成长和壮大成功的基因。

二、践行文化

本章第二节中,我们根据沙因的企业文化层次理论,给读者分析了表象层、表达层和假设层的史密斯公司文化。正如沙因(1989)所说,只有三个层面的文化在内容上呈现出相对一致性,才能真正建立起有影响力的企业文化。

文化假设层的“四个满意”是史密斯公司文化的核心，它是公司员工共同默认的行为准则，能真正影响员工的行为规范。我们可以从史密斯公司“四个满意”的核心文化中引申出公司价值观和理念，以及体现这些价值观和理念的口号、原则和活动。这些史密斯公司都以规范的文字和语言进行了表达，就是我们看到的表达层企业文化。也就是说，假设层的“四个满意”的实质体现在文化表达层的口号、理念、价值观、五项基本原则、用心管理原则以及充满激情的各种活动等上面。

文化表达层中这些规范的文字和语言表达与我们在史密斯公司感受到的史密斯公司的文化也是一致的。这些感受到的表象层文化包括但不限于脚踏实地、关注细节、坚持品质、持续创新、结果导向、创业精神和一视同仁等，如图 1-6 所示。

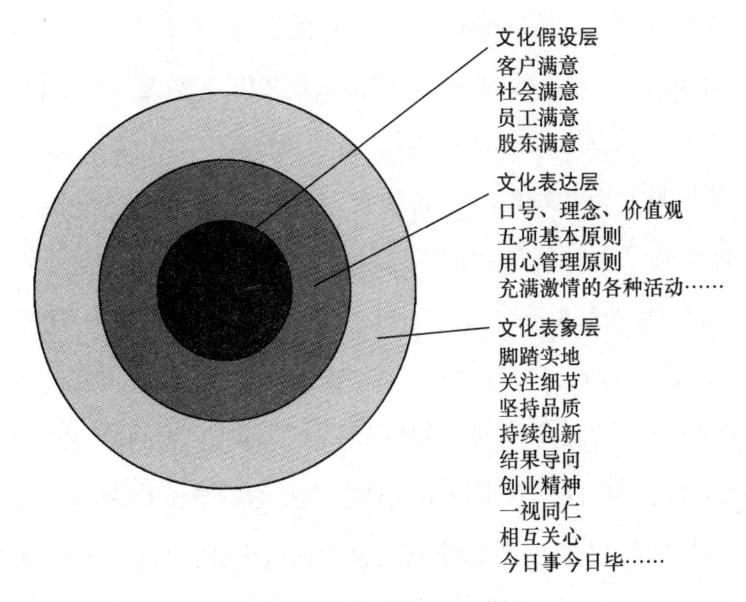

图 1-6　史密斯公司文化

史密斯公司文化表象层、文化表达层和文化假设层在内容上是一致的,正是这种一致性为史密斯公司建立有影响力的企业文化奠定了坚实的基础。

有了这个基础还不够,企业文化如果要有效促进企业的成功,就必须找到那个实现文化软着陆的"支点"——"人"、"活动"和"制度"构成的铁三角。企业文化软着陆的实现要培育和塑造合适的员工,要通过合适的方式让企业文化深入人心,要建立起长效机制保证文化的影响力,最终让企业文化体现在员工的行为上。史密斯公司成功的源头就在于此。

史密斯公司假设层文化中的"四个满意"是一个较为"抽象"的整合系统,如果在强推文化过程中一味强调"四个满意",难免会带来许多歧义和误解。因此,我们只有在全面把握史密斯公司表象层和表达层文化后,才能真正理解"四个满意"的本质内涵,才能将企业文化践行下去。这里,史密斯公司找到了一个有效的方法来强推企业文化,那就是立足于公司表达层文化中的"价值观",通过积极开展"价值观推动"活动,来让企业文化深入人心。因为表达层文化中的"价值观"反映了史密斯公司坚持的"四个满意"的内涵。"价值观"中的"争创利润,力求发展"反映了整合"四个满意"文化观的基础思想;"价值观"中的"重视科研,不断创新"、"遵纪守法,保持声誉"、"一视同仁,工作愉快"和"保护环境,造福社区"反映的正是"客户满意、社会满意、员工满意和股东满意"。我们"看到的"史密斯公司文化表达层的"价值观"较全面地表达了真正影响员工行为的默认的"假设",即"四个满意"。可以说,史密斯公司通过声势浩大的"价值观推动"活动,实现了以"四个满意"为核心的企业文化的渗透,并且通过配合企业文化其他方面的强推,史密斯公司逐渐有效地建立起表象层、表达层和假设层内容一致的有较强渗透性和影响力的企业文化。史密斯公司成功寻找到了一种有效的方式,即通过“价值观推动”活动循序渐进地开展,使得企业文化深入人心。

第二部分　大化之道——“四个满意”进人心

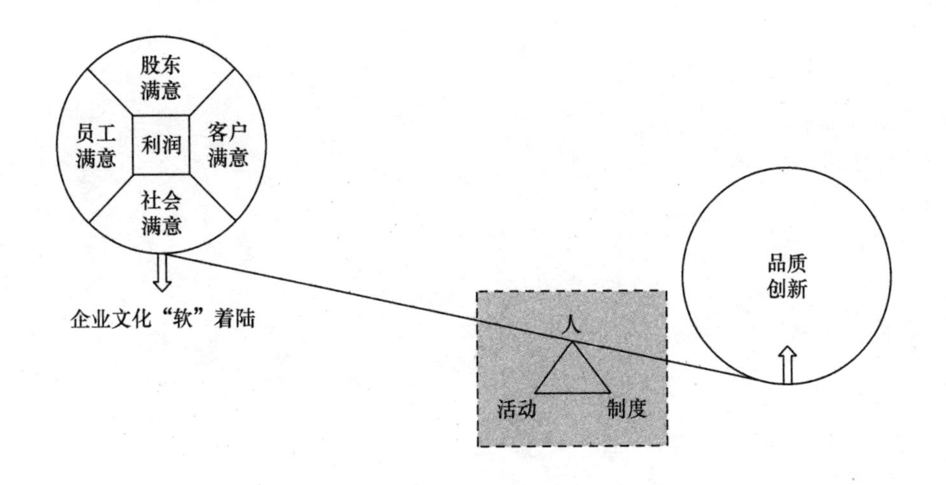

第二章

大化之根
——培育土壤

打造四个满意落地的土壤，让员工成为“史密斯人”，就是依靠四个满意自身的感染力和凝聚力，从外部筛选过滤并寻找到可雕琢、有潜力的员工，即接受四个满意价值观的员工；然后通过四个满意进行思想净化，让员工接受四个满意的文化内涵，通过各种文化培训让员工了解四个满意；最后通过领导者的领头羊作用，进行思想升华，引导员工在日常工作中体现四个满意，最终打造成“史密斯人”，造就实现四个满意的人才。

第一节　人才引进之道

“没有不合格的员工，只有不合适的员工。”符合公司文化要求的员工才是公司所需要的员工，当然和员工个人价值观相匹配的公司也才是适合员工的企业。不认同公司文化的员工，对公司和员工来说都是一种灾难，员工不满意公司文化，公司不满意员工工作表现，四个满意最终也难以实现。因此，公司打造“史密斯人”的第一步，就是通过独特的招聘渠道，利用四个满意，从外部吸引和过滤符合公司文化要求的可雕琢、有潜力的员工。

和一般企业“不拘一格降人才”的撒网式招聘理念不同，史密斯公司从外部引进能够认同四个满意的人才时，不仅从招聘方式上符合四个满意，更将四个满意打造为公司吸引人才的一面旗帜，通过树立四个满意的文化口碑来吸引人才，将人才领进门。

这样的招聘理念需要应聘者对公司企业文化有着高度的认知，因此，在招聘方式上，公司主要采用校园招聘和内部推荐这两种方式；此外，离职员工返聘则是四个满意文化成功吸引人才的重要体现。一方面，无论是员工内部推荐，还是校园招聘抑或者是离职员工返聘，我们发现通过这些招聘途径，公司成功实现了四个满意对员工筛选的一个过程；另一方面，在这些招聘方式中存在一个共同点——所招聘到的员工能够并愿意融入企业文化中。员工推荐的成功不仅体现了推荐者自身对公司文化的认知和肯定，同时也是对公司企业文化的高度信任，并开始自发地推广这种文化。

一、校园纳新

对于校园招聘，史密斯公司每年都会投入大量的时间和精力，尤其是最近几年，随着公司业务规模的不断拓展，需要新鲜血液的注入，校园这股新生力量是公司人力资源储备中不可或缺的一部分。更为重要的是，经校园招聘的应届毕业生有很强的可塑性，对公司文化的接受程度更高，这些人更容易融入公司。公司把这批人才分为两类：一类是普通员工招聘，另一类是管理培训生。

公司非常重视管理培训生的招聘，将其作为公司未来管理人才的重要储备军。公司总经理告诉我们，表现优秀的管理培训生一年之后就能够晋升为公司中层管理者。公司每年都会从应聘人员中选拔一定数量的优秀应届毕业生作为公司的“管理培训生”,2009 年公司招聘管理培训生 38 人,但是在公司总经理看来这一数量还远远不够;在新年之初他即宣布,“明年我们将进一步扩大管理培训生的招收规模”;2011 年公司更是创新性地提出将管理培训生招聘渠道扩展至公司内部员工,所有员工都有机会发展成为管理培训生。为了进一步加大管理培训生的招聘力度,公司人力资源部可谓煞费苦心。在 2009 年的校园招聘中,人力资源部推陈出新,大胆尝试了一种“引进来”的校园招聘模式,这一全新的人力资源招聘模式,不但提高了招聘效率,同时也保证了公司能够在有限的时间内招聘到更多的优秀人才,在同样的人力、物力条件下,让公司找到更多的“千里马”。

案例2-1

2009 年校园招聘创新

在 2009 年的校园招聘中,史密斯公司一改以前大众式的“走出去”招聘模式,创新性地提出“引进来”的引进人才模式,即不再是公司人员到各地招聘人才而是通过将人才进入公司,实行就地招聘。首先公司通过网站、企业宣讲会等形式接收大量的简历,然后通过一些硬性条件比如学历、专业等进行初步的简历筛选。接下来公司人力资源部通知符合要求的申请者,安排这些候选人参观公司的厂房、办公区、展览区、食堂等能够反映公司文化的地方,以便让他们对公司的企业文化有一个初步的亲身体验。史密斯公司认为这不仅仅是对公司负责,让公司迅速发现那些符合公司文化要求的潜在员工,同时也是对这些候选人负责,通过亲身感受公司文化氛围,帮助他们确定自己是否适合公司文化,适合史密斯公司。这一招聘模式的创新真正实现了公司和应聘人员的双选过程,同时也体现了公司尊重应聘人员的人本管理理念。

在具体招聘方式上,史密斯公司独创了"专题报告"的形式,要求公司每一位应聘者就所应聘的岗位,联系自己的亲身经历或对公司的了解,制作一份专题求职报告。关于这份报告,公司总经理这样评价:"通过这份报告,我们可以筛选出那些务实、踏实而非浮躁型的员工,只有认真下工夫去了解、去调研,才能够做出令我们满意的报告。从一份报告,我们可以看出求职者对这份工作在态度上是否重视,是否愿意花费更多精力去了解我们公司、去了解他所应聘的岗位。在评价求职者是否具备认真务实、吃苦耐劳精神的同时,也让求职者主动地了解更多有关公司的信息。"

二、内部荐才

在公司,员工推荐一直是一条非常重要的招聘通道。公司设有专门的"伯乐奖"项目,鼓励员工向公司积极推荐人才。员工们不仅可以为自己所在部门推荐人才,也可以把优秀人才推荐给其他部门,通过这种途径广开招聘渠道,从而形成全员化引进、发现、推荐人才的氛围。

史密斯公司认为员工的内部推荐不是一种近亲繁殖,而是员工对公司企业文化的一种肯定和信任。经过员工内部推荐的候选人,在推荐过程中也逐渐接受了推荐者的文化理念。事实表明,员工内部推荐方式在人才引进方面收到了良好的效果,其招聘合格率达到80%以上,大大超过其他招聘渠道,可谓是一种性价比很高的人才招聘方式。

和其他企业可能不同的是,在史密斯公司员工队伍中,不乏这样的人员,他们因为薪酬等原因离开过公司,但是在短暂的离开之后最终还是选择返回史密斯公司。提及这一现象,人力资源部培训经理很是自豪,"公司文化代表史密斯的一种基因,这种基因是不可以复制的,是独一无二的。只要认同公司文化的人,即使离开,也会带着这种基因离开"。

需要说明的是,公司采用文化吸引人才的这种特殊方式对人力资源部门提出了挑战。一方面,该方式对应聘者提出了较高的要求——既要具有文化可塑性,个人职业选择又要注重精神满足;另一方面,这种方式也限定了公司的招聘渠道只能以内部培养为主,毕竟只有加入史密斯才能了解并感受这种文化。但是,不可否认的是,这种方式的前景是非常美好的。随着公司规模的扩大,相信会有越来越多的人开始加入并认同甚至主动推广这种文化,最终形成一股强有力的以四个满意为中心的文化磁力,变被动为主动,吸引更多的人才加入。公司之所以不遗余力地坚持四个满意的文化建设,或许就是像经营"A. O. Smith"这个品牌一样,是为了树立一种口碑——一种以四个满意为核心的文化口碑,从而依靠这种口碑营销去吸引那些"合适"的人才。

案例2-2

内部推荐“伯乐奖”

作为史密斯公司的一项特殊奖项，公司将该奖项列为和“价值观推动大奖”同等重要的奖项，选择在一年一度的全体员工参加的春节晚会上颁发该奖项。2009年，我们参加了公司的年末重头戏——春节晚会。在轰轰烈烈的价值观推动大奖颁完之后，作为最后的压轴戏，公司人力资源总监亲自颁发了“伯乐奖”。壁挂采暖炉销售总监以成功推荐人才数量最多、质量最高（成功推荐了3名候选人，其中经理级别、主管级别各1名，工程师级别1名）的推荐成绩，获得了2009年度的“伯乐大奖”。事后，从人力资源总监那里，我们了解到，除了这位获奖者之外，公司还有3名员工分别成功推荐了2名候选人以及59名员工分别推荐了1名候选人成功到岗工作。“公司人才储备库的建立不仅要培育自己的‘千里马’团队，也需要打造兼具识才能力和荐才魄力的‘伯乐’。因此我们人力资源部设立了该奖项，希望大家都成为公司的‘伯乐’。”公司人力资源部总监的一句话道出了公司招聘人才的“良苦用心”。

另外，在调研中我们发现，除了“伯乐奖”的殊荣外，若员工所推荐的候选人成功通过史密斯公司的试用期考核，那么该推荐人还可以获得丰厚的奖金；公司人力资源部门设有专门的人才推荐热线和人才简历投递邮箱，以方便员工们随时随地成为公司的“伯乐”。

第二节　人才培养之本

把员工塑造成“企业人”是企业文化建设的根本目的。要把一个个体塑造成一个“企业人”,必须把优秀的企业文化内化为员工的思维模式,培训是实现这种内化的有效方式。通过培训可以让每一位员工明白:企业文化是什么?为什么要构建这样的企业文化?个人与企业文化的关系如何?怎样体现企业文化?……

一、文化渗透过程

在史密斯公司,对培训有这样一种说法:“培训就是一门洗脑艺术,公司不光生产产品,也生产人,生产人的主要方式就是培训。”对于史密斯公司来说,培训已不仅仅是“传道,授业,解惑”,更是打破员工的思维定势,给员工灌输企业文化的有效途径。为了达到这种目的,公司努力打造企业文化的学习氛围,并在其中用丰富多彩的培训方式激发和保持员工的兴趣和热情。

案例2-3

史密斯公司培训渊源

谈及史密斯公司企业文化培训的渊源,公司总裁丁威总是津津乐道。工程技术背景出身的他,在担任公司总经理(1999 年上任,2007 年成为中国区总裁)之后,数年来他都“强迫”众多管理人员参加各种文化洗脑式培训。早在1997年,他就加入了史密斯公司美国总部,被安排参与公司的筹建工作,从采购经理到生产经理,再到公司总经理,之间只有短短的两年时间。角色的突然转变让习惯于工程师思考方式的他有些不适应,“‘自以为是’、‘听不进别人的意见’等工程技术人员的通病,我也同样具备”。这时,美国总部也认为他缺乏“团队合作精神”,于是“强迫”他去参加了一个“封闭式培训”。在回忆这段往事时,丁威这样说道:“通过这次培训,我了解了自己从事管理工作中暴露出的那些性格缺陷。”回到南京公司后,他变得谦虚很多,做决策时也会尊重上级意见和参考下属反馈。也正是因为尝到了“文化洗脑”的甜头,数年来他一直将培训作为公司管理的重头戏。

上到公司最高管理层,下到一线车间员工,史密斯公司为他们设计了大大小小各种各样的培训。比如,为了让新加入的成员适应史密斯的工作环境和企业文化的“新员工入职培训”;考虑员工职业发展需要,同时为公司储备管理人才、培育领导者、提升管理者领导力的“卓越领导力培训”;提高员工之间对话的透明度和沟通能力,减少沟通摩擦的“人际沟通技巧提升培训”;对全国各地办事处直销员工进行企业文化和销售技巧培训的“产品推介顾问训练营培训”,等等。

案例2-4

针对公司各地办事处优秀直销员的培训——产品推介顾问训练营

2004年，史密斯公司终端管理部发现他们所接触到的公司各地办事处直销员对公司文化缺乏整体感知，于是他们开始大胆革新，并借鉴其他培训模式，开发出了一套针对驻外办事处直销员的专有培训系统——产品推介顾问训练营。该培训为期五天，既有传统的授课又有参观工厂这类直观感受，更有人格测试、拓展训练等趣味活动。各种培训方式的集合让身处各地办事处的直销员在学习各种销售技巧的同时也感受到史密斯公司文化，增强了其对公司的归属感和认同感。

该培训的第一天是企业文化的培训。培训方式采用的是传统的授课方式，但是在具体培训过程中，考虑到受训者是来自全国各办事处的直销员，对公司总部缺乏深刻感受等特点，负责该培训的销售终端管理部在培训过程中加入了直销员和公司组织关系的介绍。例如讲到公司的ASTAR文化时，公司在培训中这样讲道："你们与公司的关系不仅仅是雇佣与被雇佣的关系，更是公司服务于你们员工、你们员工服务于外部客户的关系。你们也是被服务的对象，是公司内部的客户。"另外，在培训过程中还会加入直销员自己的故事引发其他直销员的共鸣，让大家一起在分享他人经历中学习。比如在课程中，公司专门设置了成功案例分享、角色扮演等课程，鼓励员工与大家分享自己的成功经验，同时模拟各种场景，让员工在模拟的情景中寻找问题的解决方法。

如果说授课形式的理论宣讲让员工从宏观角度对企业文化有了大致

了解，工厂参观则让这些直销员亲身触摸和感受产品背后的故事，亲历现场感受公司文化，告诉他们公司如何做到“行为体现价值观”。通过介绍整个史密斯公司包括美国总部130多年的悠久历史，从过去的发展历程中引出公司成功走到现在的关键因素，诠释公司企业文化积淀背后的真正含义。在激发直销员以公司文化为荣的自豪感的同时，告诉员工企业文化对公司的重要意义以及公司对企业文化的重视。通过这一步，让员工对文化有一个初步了解，告诉员工公司认为什么是正确的，什么是错误的，让员工的行为有一个参照标准。

另外，公司还通过拓展训练培养直销员之间的团队合作意识和信赖关系；通过性格测试帮助员工了解自我和四个满意的融入程度；通过领导对话（公司总经理也会参加）让员工和公司高管之间实现互动，高管可从直销员那里获取一线市场的具体信息，并给予具体指导，直销员则从高管那里体会公司以四个满意为中心的管理风格。

二、培训塑造过程

鉴于企业文化可塑性的特点，史密斯公司对于企业文化培训采取以内部培训为主，结合多样化的培训方式，通过常规形式或员工自发式的培训，推动企业文化在员工之间乃至企业之间甚至行业之间的传播和交流，扩大企业文化的影响力，从而实现企业文化对员工的成功塑造。

在公司看来，实施内部培训，不仅能够为公司节省成本，同时自己培训自己，能够做到对症下药，更好地达到培训效果。公司对于培训没有具体预算，只要培训项目能够达到预期的效果，公司就会毫不犹豫地开展下去。

1. 常规培训

和大多数企业一样，公司设有专门的常规培训部门——人力资源部，同时公司还在销售管理部门设有针对直销员工培训的终端管理部门。该部门有 5 名员工，其中有 4 名是培训讲师。除了每年定期对公司各地办事处销售员工进行产品知识、销售技巧以及企业文化的培训外，还会不定期开展各种培训，比如在新产品上市之前以及销售旺季到来之前对销售员工进行培训。

培训部门的建立确保了公司企业文化推广的持续开展，如公司每年 4 月份都会组织全国各地 40 多个办事处的终端精英销售员参加“产品推介顾问训练营培训”；公司自成立以来已经举办了 20 多期的“卓越领导力培训”……

和大多数公司一样，这种常规培训除了提升员工工作技能之外，更主要的是以一种强制性的、反复推进的模式让员工去接受和认同四个满意的企业文化，可以说是一种公司主导的让员工被动接受四个满意灌输的方式。但是和一般公司不同的是，史密斯公司没有止步于此，作为企业文化推广的一种主要方式，史密斯公司的目的是通过这种强制性的灌输，在员工之间形成一种人人可以培训、人人可以相互学习的自我培训的主动学习氛围。

2. 自发培训

在对公司深入调研中，我们发现公司部门之间还存在着一种自发的培训模式。每当各部门有某种培训需求时，大家可以随时将该培训需求提出来，并自行与具备这方面培训技能的部门或员工联系，实施相应的培训。例如，因为公司办公条件的限制，客户关怀中心被安排到了公司后方，远离公司办公主楼。考虑到公司文化氛围的问题以及部门员工和部门之间的沟通问题，避免员工和公司有疏离感，让部门员工更好地融入公司，客户关怀中心开办了“百家讲坛”活动，每周一期，邀请各部门经理或者公司高管与大家进行交流和互动。太阳能事业部经理、燃气事业部产品经理、总裁办经理等人都曾先后受邀来到该部门按照其需求开展相应的培训。

另外，对于那些有培训供求关系的不同部门，考虑到这些部门之间知识的共享性，公司在办公区设置上也别具匠心。例如，公司的终端管理部门和公司的质量管理部门虽然分属于不同的部门，但是位置却相邻，这是因为质量管理部门能够为终端管理部门提供有关产品技术方面的培训知识；而与此同时，终端管理部门也可以将自己的员工在一线所收集到的消费者所反映的质量问题反馈给质量管理部门，两个部门在无形中实现了知识共享。

案例2-5

开放式学习和在线学习

史密斯公司一直以来都鼓励开放式学习并开放自己的厂房欢迎外部

人员来参观学习。公司和南京大学商学院签订了实习基地合作协议,每年都会接待多批该校的MBA学员、本科生、研究生前来参观。同时,公司也欢迎同行业其他企业前来交流学习。例如,公司在2008年迎来了同是生产太阳能热水器的山东力诺瑞特新能源有限公司的30余名工作人员。公司生产部高级经理和生产部总监亲自接待,陪同客人们参观了工厂和产品展示厅,并在现场对访问者提出的各种问题做出及时解答和交流。对于这个现象,我们曾经带着疑惑问过公司生产部总监:"面对如此激烈的竞争环境,公司允许竞争对手前来参观学习不害怕被模仿、被超越吗?"得到的答案是公司认为通过不断的交流学习,管理人员和工人都会真切地感受到自己的长处与不足,同时激发企业不断创新,促进"比学赶帮超"观念的形成。而公司培训部经理的一席话则进一步解开了我们的疑惑,"我们不害怕模仿,因为公司文化是难以模仿的。你可能学到了某种方法,但是你带不走公司的这种文化氛围,因此即使方法相同,在我们公司能够落地、开花结果,在别处可能连芽都发不了"。

鉴于在线学习的个性化、自主性、便捷性等特点,史密斯公司在2008年推出了全球共享的在线学习平台。目前,该平台培训课程已经发展到涵盖客户导向、管理沟通、团队建设、结果导向、创新、专业和激情等在内的7大模块,在每个模块下面又大致设置了5—10门课程。为增强在线培训课程的专业性、趣味性和互动性,在具体课程设置上,公司同时开发了中英文双语培训,并且在课程中穿插一些卓越公司的领导人专题演讲视频和大量的管理技巧小贴士。另外,在学习的各个阶段,公司在课程中还设置了测试环节,让在线学习者了解自己的学习进度,适时地调整学习计划,保证员工学习的高效性。除了公司指定的学习课程外，每个月该平台都会新增100多人次注册学习。

第三节　造就人才之策

通过筛选和培训，史密斯公司逐步将四个满意的宗旨植入员工思想中，努力实现四个满意的内化。而让四个满意的企业文化观念落实在员工行动上，需要领导者的引导和拉动。在史密斯公司总经理看来，四个满意的价值观推动需要一种自上而下的强推力，而其根本在于领导的身体力行。领导者通过亲力亲为形成榜样力量，同时通过真心关怀和公平无私换取员工信任，形成行动的感召力，进而带动员工，形成引导员工践行四个满意的力量（见图2-1）。

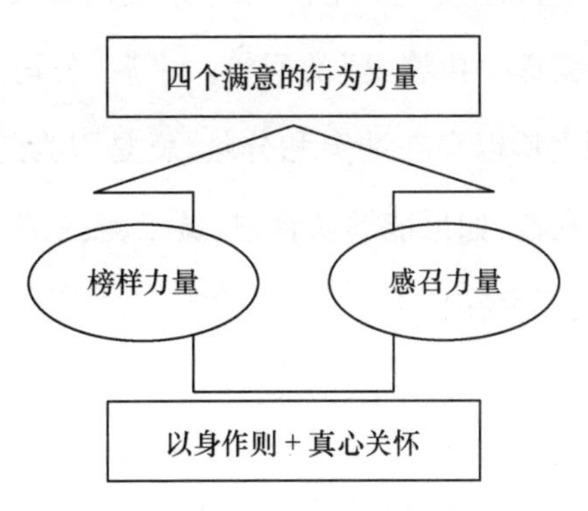

图2-1　史密斯公司领导力构成

一、身体力行

史密斯公司总裁丁威早在1997年就加入了史密斯公司,本着13年来对史密斯企业文化的理解,他在史密斯公司总部价值观的基础上结合中国的文化特点,提炼出了史密斯公司的企业文化:四个满意。四个满意不仅仅是一种理念,更是一种行为标准。确立了标准就要推行,作为公司总裁,他不仅是这样说的,更是这样做的。除了利用一切机会不断向员工宣传四个满意外,他本身也用行动在向员工诠释这四个满意的含义。

与丁威的多次接触中,我们发现四个满意就像其口头禅一样,几乎每一个话题都会出现。四个满意可以化解部门之间的冲突:作为一个有着数千名员工的大公司,人员协调尤其是各个部门之间的协作问题不可避免。但是在丁威看来,这个问题可以用四个满意来解决。在一次产品大会上,销售部门经理和研发部门经理在产品改进上产生了分歧,事后销售部门经理来到总经理办公室,希望总经理能够给出最终的裁决。但是这位经理得到的却是"从四个满意中找答案"的回答。事后,公司总经理这样评价这件事情:"他们之间之所以存在冲突和分歧,就是因为忽略了四个满意,过于顾及各自部门的利益,如果能够从客户、员工、股东和社区满意的角度去思考,这个分歧肯定不存在!"

案例2-6

2008年管理年会

2008年对中国来说是一个多灾多难的年度,年初的南方雨雪灾害还没恢复，紧接着房地产萎靡下滑，全球金融危机席卷而来。面对不利的外部环境，和其他企业一样，史密斯公司也感受到了前所未有的压力。转眼间，一年一度的管理年会又来临了。以往每年的管理年会，公司都会支出一大笔开支，会议选址往往是五星级酒店的水准，目的是共同庆祝这一年全体员工所付出的努力。但是2008年，面对严峻的外部环境和总部下达的保持销售和利润额这两项重要业绩指标的任务，公司管理层决定管理年会一切从简，将年会定在公司餐厅二楼举行，会议所提供的餐饮也由公司食堂自行配备。

事后，公司总经理这样评价这次管理年会："如果我们继续和往年一样，选择一个星级酒店会议中心，首先股东会对我们不满，在这样一个全球抓紧钱包的形势下，他们会认为我们这样做是对他们不负责任；其次公司员工也会对我们不满，公司上下都在倡导全员参与节约，我们这样做显然也是不负责任的……"

另外，在史密斯公司，总裁的办公室大门始终是敞开的，找他的人（包括一线员工）任何时候都可以直接进入，相当于秘书职责的总裁办没有替他挡驾、通报的责任。同样，公司其他高管的办公室也始终是对外开放的。另外，每个办公室里面都有一张小型会议桌，只要需要，部门任何人员都可以在此研讨。

一位在公司工作十年的普通员工这样评价自己的公司："我没有看到公司领导做过惊天动地的事情，更没有看到过急功近利的行为，有的只是踏实的脚步和一点一滴关注细节以及用行动说话。”史密斯公司是一家制造企业,公司领导层多是工程师出身,可能正是这个原因在他们身上形成了一种亲力亲为、律人先律己的作风和行事方式。这种以身作则的榜样力量在赢得员工尊重的同时,也让员工对管理者行为产生了认同感,从而培养了员工学习领导者行为、在行动上践行四个满意的氛围。

对生产一线员工的细节关怀

对于制造企业来说,安全隐患是每一个企业车间最为头痛的问题。人与机器的磨合,长时间的重复工作,难免会有小摩擦、小事故。在史密斯公司,安全问题被视为生产部门总监的首要任务。在车间,领导惩罚员工只有两种情况:一是上班不戴工牌,二是进车间不戴防护眼镜。公司总经理明确对我们说:“只有佩戴工牌才能够进车间,避免其他闲杂人员进入车间干扰工作人员的注意力,影响工作;戴防护眼镜是为了避免车间的焊接和其他灰尘伤害眼睛。”我们曾经多次进入史密斯车间参观,每次参观之前,都会有相关人员配发相应的访客证和防护眼镜,并且在进入车间之前,带领人员还会再次提醒大家戴上防护眼镜。一位车间制造工程部的实习生谈及此事时,颇有感触。他自己有一次去车间洗手间,因为忘记佩戴工作牌,被安全小组的人员盘问了好久。车间参观时,我们还发现,公司车间员工除了眼镜和工作牌外,每人还佩戴有耳塞;每个车间分区都有专门的参观通道,并用鲜明的黄线标注,禁止跨越;每个车间都有自己的安全宣传栏、安全时间记录……

不仅如此,在史密斯生产车间,员工每天上午和下午可以各自休息10分钟,这意味着一天下来车间全线停产20分钟。即使是在公司产量供不应求的销售旺季,这20分钟仍然保持不变。公司提倡全身心工作和全身心娱乐,20分钟的“浪费”换来的是更高的激情和更高的效率。

作为公司后勤的一个重要部门,公司食堂被划分在人力资源部门下统一管理。谈及一线员工管理,公司总裁丁威这样说:“公司需要建立一种重视一线员工的文化导向,而这首先就要从人力资源部门自身的洗脑开始。”公司食堂曾经发生过12名一线员工腹泻事故,丁威在第二天才听说此事。在众人看来,作为公司总裁,对于这种事情不能在第一时间知情也在情理之中。但是,在他看来,这却是一件很严肃的事情,在一次公司所有高管会议上,他直接对人力资源部门提出不满:“对于这种事情,身为管理者的我们竟然不知道。这样的管理者如何体现关心员工的精神?如何体现让员工满意?”

当我们问到公司员工的收入状况时,公司总经理告诉我们,“考虑到通货膨胀的因素,每年员工工资会自然增长5%左右。此外我们还购买了一些调查公司的数据来评估各岗位员工工资是否合理,通常要求不低于本地平均水平”。

在车间采访时,一位老员工主动对我们说:“公司工资处于中上水平,主要是各种福利待遇好。许多我们自己都没有想到的事,公司会主动想到。比如除社保规定的大病统筹外,公司还为我们买了商业医疗保险。”

二、传递亲和力

领导者的以身作则、亲力亲为用行动为员工树立了榜样，告诉员工什么样的行为是公司所推崇的，什么样的行为是公司所摒弃的。但是榜样的力量要真正产生效果，关键要看领导力的贯彻执行。史密斯公司总裁丁威特别强调说："领导者要发自内心地去关心员工，要真诚。这种真诚不是表面的人与人之间的礼貌性关怀或者工作上的帮助，而是从内心深处真正把员工当成是自己人，从他的角度和需求出发考虑问题。"

除了工作上的真心关怀和帮助之外，在生活上，公司领导者也会在他们力所能及的范围内保证员工能够快乐工作，做到工作和生活之间的有效平衡。

销售管理部门的温情传递

终端管理部门是销售管理部门下属的一个部门，主要负责各办事处直销员工的培训和管理工作，由于工作的特殊性，该部门的员工多是从全国各地的办事处选拔而来的。他们大多数在南京工作，而家还安在最初的工作城市；并且部门的工作性质决定了员工要经常出差。而部门的员工又多为女性，这意味着她们为了工作，牺牲了做妻子、做母亲的大量时间。同样是从一线提拔而来的终端管理部门的经理自己就是一个例子。

终端管理部门的蒋经理家在无锡，每个周末才能回去见一下上初中的女儿，眼看女儿明年就要中考，想陪伴并照顾女儿却力不从心。考虑到这个问题，销售部门总监结合公司休假制度（加班时间可以用假期补偿），安排她平常多出差，多利用下班和周末时间，通过积攒加班时间，加上公司安排的年假，使得她可以集中在中考期间休上一个多星期的长假。

领导者的亲力亲为在树立榜样的同时也感染了下属。虽然升迁到终端管理部门经理只有短短几个月，但是同样的家庭和生活问题让蒋经理和员工之间有了许多共同话题。午餐时间她们多半在讨论各自的孩子和家庭，这样的聊天，让她对员工的家庭和困难有所了解。在日常工作中，她建议大家平常工作期间多加班，然后申请调休，这样可以集中休假时间。另外，在出差地点的安排上，她也参考员工家庭所在地，以方便员工在出差期间可以回家看看。

部门一名老员工因为工作原因，孩子还不满周岁就被送到了远在辽宁的母亲那里照看，其思念女儿之情可想而知。鉴于此，部门经理每年在安排“神秘客户检查活动”时都将她派到辽宁的办事处进行调研和培训，以方便其有更多的时间和孩子相处；在日常的聊天中，经理亦会根据自己早年抚养孩子的经验为她提供建议。职位上的领导和下属关系因为母亲这同一身份而变得温馨融洽。

从一次小范围的抽样调查中，我们对公司有了更深入的了解。其中有这样一个问题：“您认为公司最吸引您的地方是什么？”在整理问卷时我们惊讶地发现近60%的员工都提到“公司融洽的氛围，和谐的领导下属关系”。通过调查我们还发现,史密斯公司在薪酬待遇上并不是最高的,但是许多员工却选择和公司一起成长,对公司不离不弃。也有员工因为薪酬待遇方面的考虑选择离开,公司采购部经理就是一个例子,他和公司曾“几度分离”,后来又因为公司人性化的工作氛围回来,在采购部经理的位置上一干就是三年。

第三章

大化之行
——攻心为上

“骐骥一跃，不能十步；驽马十驾，功在不舍。”史密斯公司的成功秘诀不是一蹴而就，而在于它持之以恒的守望。四个满意文化的成功推动需要企业文化建设活动的持续不断推广。一方面，公司采用做产品式的无孔不入的细节宣传活动，让员工在态度上形成企业文化荣誉感、在视觉上形成文化冲击、在活动上形成文化感知，熟悉了解企业文化，让文化如影相随。另一方面，以文化强推的方式，将文化推广作为一项持续的活动在管理实践中反复推进，将四个满意渗透到员工行动中，让员工在行动中感悟文化，在行动中展示文化，用文化来指导行动，真正做到文化深入人心。

第一节　让文化如影相随

公司文化推广如同企业做产品，要将产品卖出去，首先要想办法让消费者了解产品，然后才有可能接受它；公司文化要深入人心，就要让员工熟悉它，产生情感上的认同，然后才有机会渗透到工作中，体现在行动上。正如要让消费者了解产品，通常会选择各种广告形式将信息有效传递给受众一样，公司文化也需要通过各种生动活泼的活动向全体员工做有效宣传，让员工行为与公司文化如影随形,实现真正的融合。

史密斯公司在中国的发展很大程度上得益于对美国总部企业文化理念的贯彻与实施。在经历了初创期的阵痛之后,以丁威为核心的高管团队继承了美国总部的文化衣钵,在史密斯内部开展了一场旷日持久的润物细无声的文化建设工程。

史密斯公司的企业文化在来到中国的那一刻起就已存在,并通过公司各种企业文化建设活动的开展而得到强化。因此相较于其他企业,史密斯公司的企业文化一开始就有,不需要像其他公司那样一点一点去总结、去凝练,但这同时也意味着在企业文化推广方面要花费更多的精力。这种文化引入,意味着公司不能像其他企业那样通过企业初期的文化积累和文化成形之前的经验让员工不自觉地接受,而只能通过耳濡目染的宣传和各种活动来让员工认识到这种文化,通过强制性的推进让文化深入人心。

史密斯公司文化深入人心的第一步,是营造一种浓厚的文化氛围,让文化无处不在、如影相随。通过历史文化的回顾,激发员工以公司历史文化为荣的自豪感;通过大量的海报宣传、随手可及的资料手册,在员工的工作环境中营造出一种文化氛围;通过设置各种奖品,激励员工做到“行为体现价值观”;同时用文化感动员工家人,在其家人的鼓励和支持下,强化员工的文化认同。通过这种视觉上、物质上和精神上的推广,史密斯公司成功将四个满意的文化初步导入员工心中。

一、培养公司自豪感

在史密斯公司,每一位新员工的第一堂培训课都是从了解美国总部的悠久历史开始的。

对于公司长达130多年的悠久历史,公司设有专门的培训人员,并通过大量的图片和翔实的数据让员工真切地感受到史密斯公司是如何从无到有一点一滴做大做强的。除此之外,公司还特地找专业的翻译公司翻译了美国总部描述公司成长历史的一本书——《通过研究,寻找一种更好的方式——A. O. 史密斯公司的历史》,在史密斯公司该书被称为"紫宝书",公司总经理将该书作为公司四个满意文化的重要手册,要求每一位员工熟读里面的内容。无论是涉及管理层的管理年会,还是召集全国各地一线销售人员的销售大会,公司总经理都会抓住机会,考察员工对"紫宝书"的熟知程度,督促员工深入了解公司历史。作为公司的高潜力员工培养对象,管理培训生述职报告的第一课就是学习有关公司历史的"紫宝书"。一位参加过新员工入职培训的员工这样说道:"公司悠久的历史和追求质量的严谨做法让我印象尤为深刻。"

通过这样对公司历史的回顾,史密斯公司不仅补齐了因为文化移植而缺乏的文化沉淀,同时也让员工体会到公司百年长寿的秘诀来自于公司对文化的坚持,更让员工为公司坚持百年文化而深感自豪。

案例3-1

史密斯公司美国总部和史密斯公司发展历史简介

"我家的'A. O. Smith'热水器已经用了50年时间",当电视广告画面切换至一个小孩用热水洗澡的画面时,一位美国的老太太这样说到。这则广告是对现实生活的生动再现。1998 年 8 月的时候，史密斯公司美国总部收到美国弗吉尼亚的普利斯夫人的一封信，信中讲述了其在 1946 年安装的 A. O. Smith 热水器至今仍在正常工作。

1874 年，查尔斯·吉尔米亚·史密斯（Charles Jeremiah Smith）在美国威斯康星州密尔瓦基建立今天的史密斯公司美国总部，以生产婴儿车车架以及一些五金零部件为主，慢慢地，公司凭借其在焊接材料和技术上的优势，产品线向汽车底盘过渡。

1910 年，公司年产量达到 11 万个汽车底盘，占当时整个产业需求的 2/3，成为当时汽车底盘和汽车零部件界的龙头。

20 世纪初，史密斯公司美国总部进入了锅炉行业。

20 世纪 20 年代后期，史密斯公司美国总部再一次发挥其在焊接技术上的优势，成功地研发出将大型钢板焊接成钢管的方法。

1936 年，史密斯公司美国总部申请了热水器的金圭内胆的专利，并以此为工业标准，正式进入热水器生产领域。

1998 年，史密斯公司美国总部独资在南京成立了史密斯公司，2001 年，史密斯公司在中国的市场占有率仅为 5.3%，销售额排名第九。

自此之后，公司发展驶入了快车道。10 年间，公司年均销售增长率达到了 20% 以上，截止到 2010 年年底，史密斯公司的销售额遥居市场第一，市场占有率达到 20.12%。

二、赢得感官冲击力

如果说公司的历史文化培训在员工心中已激起涟漪，那么接下来无孔不入的宣传和各种柔性化的视觉冲击则会让员工跃跃欲试。

走进史密斯公司，我们会发现大厅里、办公区甚至车间到处张贴着各种有关企业文化推广的宣传画。每次走进公司，我们都会有新的发现，或是 ASTAR 活动的宣传标语，或是公司价值观推动活动的易拉宝，等等，凡此种种。“公司强调观念要素，如果举办一项与企业文化相关的活动，这些内容是什么，都会把它印出来、贴出来，”公司总经理这样告诉我们，“就像在商场里搞促销贴广告、挂条幅一样，要在公司里营造一种氛围。”除了这种海报式的张贴宣传外，公司还会把活动的内容制作成小手册，发给每位员工，保证人手一份；为了防止员工出现视觉疲劳，手册在色调、图案等方面都会做出改变，每年一个主题，每年都会有变化，这无形中也体现了公司持续改进的理念（见图 3-1）。

比如 2004 年的价值观推动活动就有与以往不同之处，强调团队主题，更加重视那些通过团队合作完成并符合价值观的行为；2008 年“一滴水可以折射太阳的光辉，一位员工能够反映公司的价值观，今天您提名了吗？让我们一起来发现身边值得肯定的那些人，那些事……”2009 年的活动主题是“挖掘能把价值观真正融入平时工作和生活中的员工和团队，同时对作出特别贡献的进行奖励，并通过各种形式的宣传活动激励其他员工采取更加积极主动的行为，令价值观真正深入人心”。

图 3-1　史密斯公司 2008—2010 年价值观图标

三、激发荣誉感

色彩缤纷的宣传海报和强制性的阅读手册在公司形成了一种“‘四个满意’满天飞”的氛围，但是文化不是口号，不是说“飞”就能“飞”的，因此公司在宣传的同时设置了品种多样的奖品，以鼓励员工按照公司价值观的要求去行动。

在公司大厅休息区，公司专设了 CI 奖品展示柜，里面真实地摆放着高端电子产品（如摄像机等）以及一些新奇的日常生活用品（如蛋糕式毛巾等）。在展示柜旁边的资料架上，摆放有一本《CI 积分奖品手册》（见图 3-2）。从手册上可清楚地看到，大到 IBM 笔记本电脑、索尼数码摄像机、惠普掌上电脑、摩托罗拉手机，小到毛巾、记事本、卷尺、围裙、水杯，都是可以用 CI 积分换取到的奖品，这些奖品既新奇又实用，看起来颇为诱人。把奖品摆出来，通过这种看得见摸得着的利益驱动，使员工愿意并且乐于参与其中。“我手上的这块手表就是 CI 积分换来的”，制造工程部的一位员工自豪地对我们说。将奖品展示出来，除了简单的利益驱动外，更为重要的是让员工了解到奖品的价值及其意义所在。比如透过刚才那位员工所戴的手表，领导和其他员工都可以从展示的奖品中了解到“哦，这位员工 CI 积分很高，这个人在工作中一定表现得很积极，是位好员工”。这样的一种想法无疑让员工增添了一份得奖之后的荣誉感和自豪感。

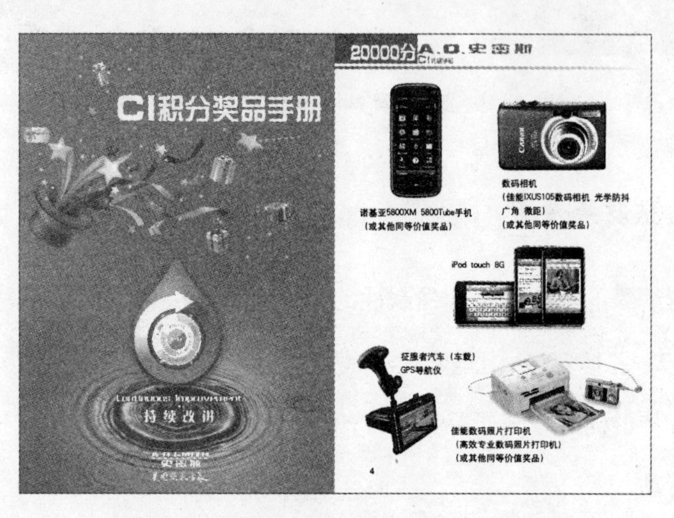

图 3-2 史密斯公司《CI 积分奖品手册》节选

去史密斯公司食堂的路上，我们发现公司别出心裁地在走道两边建了荣誉墙，上面贴满了各种企业文化推广活动以及获奖者的照片。荣誉墙的想法来源于史密斯公司美国总部，在一次参观位于美国纳什维尔的水产品总部的时候，史密斯公司总裁办（隶属于人力资源部的一个部门）的员工发现那里有一面墙专门用于吊挂员工的奖牌，详细询问后得知这是美国总部对员工成绩表示认可的一种做法。于是在回到国内后，总裁办在公司食堂的走廊中借鉴了这个做法，打造出了属于史密斯公司自己的员工荣誉墙。每年“年度南京价值观当选奖”名单出炉后，公司总裁办就会将新获奖的人名以及奖牌挂上去。在这面小小的荣誉墙前，我们发现，前来就餐的员工总会驻足浏览,并加上个人的几点评价。小小的荣誉墙在宣传公司价值观推动具体内容的同时,也对获奖员工进行了激励,为他们带来了荣誉和知名度,从而激发更多的员工加入到价值观推动活动中来。

四、传递温情

除了在工作中让员工感受到企业文化氛围外,史密斯公司还将这种四个满意的文化在经意或不经意间传递到员工的家庭和生活中。和大多数企业一样,史密斯公司也有自己的内部期刊——《史密斯通讯》。

《史密斯通讯》创建于1999年年底,公司创办内部期刊的宗旨为加强内部信息共享,加强企业文化建设。公司总裁办这样给我们介绍道:“通过内部期刊,让所有员工对公司有更全面、更多的了解。”翻开《史密斯通讯》,里面设有企业文化专栏,记录了公司近期举办的各种企业文化推广活动以及活动结果;在《史密斯通讯》的下方,标注有公司的价值观和五项基本原则。和价值观推动等活动手册一样,出版的《史密斯通讯》会及时发放到每一位员工的办公桌上。值得注意的是负责该项目的人力资源部还会将每期《史密斯通讯》及时寄到每一位员工家里,目的是让员工家属也能了解到公司的信息,感受到史密斯的企业文化,让员工家属也能参与其中,从而对员工提供更多、更好的支持,同时也扩大了企业文化的宣传源。“爸爸公司的内部报刊都会定期寄来家里,最初由于好奇心的驱使,想知道爸爸到底是在怎样的公司任职,怀着这样的疑问我开始了一个孩子的‘仔细研究’之旅。时至今日,我还可以十分清晰地说出那些期刊的版面构成,从头版的重大公司新闻……”公司员工的一位子女在给公司人力资源部来信中这样写到。

通过这种从细节入手、一点一滴、无孔不入的宣传推广方式，史密斯公司成功地将文化这一基因注入了员工心中。不仅让员工时时刻刻感受到这种文化，同时也让这种文化得到员工家人的肯定。

第二节　践行企业文化

一个企业最大的困难在于如何让公司的理念变成员工的信念。和产品广告一样，简单的宣传和视觉上的冲击只是企业文化落地的第一步，目的仅仅是吸引员工的注意力，激发员工的兴趣；企业文化落地的关键在于第二步，即吸引员工参与其中，从旁观者变为参与者。而这一步的关键就是让遵从四个满意的员工对结果感到满意。在史密斯公司看来，通过宣传进行四个满意的文化推广，只是一种边缘性和辅助性的文化推广活动，真正让四个满意的文化深入人心，还需要将其作为一项日常管理工作来做，通过工作结果的考核让文化渗透在员工工作中。公司总经理在提及企业文化活动时这样说道："我们可以说是全力以赴不折不扣地把文化作为管理层的一个中心任务去做，想办法把这种文化在中国的土地上扎根成长。我们从美国总部引进了一种体系化管理方式，这就是'价值观推动'活动。"

不同于其他企业，史密斯公司人力资源规划的工作不仅仅限定于人员需求预测，同时还包括价值观推动的规划工作，通过这项推动活动来落实公司四个满意的企业文化。每年总裁办（隶属于人力资源部门）的重头戏就是定期举办价值观推动活动，鼓励员工、督促员工将组织文化变成现实行动。谈及公司的价值观推动活动，总裁办经理总是一脸自豪，2002年公司开始从美国总部引进这一活动，时至今日，该活动已经成为史密斯公司最有特色的活动之一，受到全体员工的关注。员工不仅在每年举办活动的过程中积极参与，更重要的是开始主动地去了解自己公司的文化，并在日常工作中自觉维护和落实这一价值观，"行为体现四个满意"不仅成为公司人人会唱的"歌谣"，同时也成为员工日常工作职责之一。

仔细分析价值观推动活动的具体过程：提名—评选—奖励，和一般评选活动相比并没有什么特别之处。那么，史密斯公司价值观推动活动的成功之处到底在哪里？将一件平凡的活动做得如此非凡的秘密何在？公司培训部经理将其归结为公司能够"将事情做到实处"。

案例3-2

史密斯价值观推动目的

"史密斯公司的价值观推动活动有两个主要目的：第一，通过一种生动有趣的方式让员工了解并理解公司的价值观及其在公司中的作用；第二，找到一种方式让员工可以在日常工作中对公司的价值观作出贡献。"有了目的就要落实行动，对于前者，公司在价值观推动中设置价值观提名，鼓励员工参与到价值观推动活动中来，在参与中了解什么是价值观以及什么样的行为符合了价值观；对于后者则通过设置和价值观相关的奖项来激励员工真正做到"行为体现四个满意"。

一、鼓励参与

和一般评选活动一样,价值观推动活动的第一步就是价值观提名。史密斯公司企业文化特别强调全员参与,因此在价值观推动活动中,鼓励员工参与是价值观推动活动的重要组成部分,而价值观提名是一种很好的激发员工参与、积极加入推动活动的方式。"毕竟价值观推动活动的大奖得主只是少数人,而提名则是发动全体员工广泛参与其中,不管你是否有可能获得大奖,最起码你可以得到提名奖。"该活动的负责人之一这样告诉我们。要提名,就要去寻找符合价值观的行为和维护价值观的人,而这一过程,不仅激发员工去思考什么样的行为才是价值观所倡导的、哪些人做了符合价值观的事,同时也在告诉员工公司肯定和提倡符合价值观的行为是什么,激励员工让自己也成为被提名候选人中的一员。另外,广泛的价值观提名也在某种程度上体现了评奖的广泛性和公正性。

为了方便和调动员工参与,总裁办主要从三个方面推动这项活动。

1. 资料触手可及

每年活动开展之初,负责该项活动的总裁办开始在公司的墙壁上张贴今年价值观推动活动的海报;在公司的餐厅、休息区、前台、宣传橱窗上置放价值观推动的宣传小手册;在公司网页和《史密斯通讯》上面发表文章,并给公司全体员工群发邮件,告诉员工"新一期的价值观推动活动又开始啦",最大限度地让员工了解该活动;甚至把宣传资料邮寄至员工家中,不但让员工在家也可了解相关信息,还能让家人一起关注这项活动。对于公司在全国各地的驻外机构,通过邮寄材料、发送邮件、网上提名,并指定驻外机构销售经理和行政人员协助活动的宣传,确保当地的员工也能够积极参与到价值观提名活动中来。“每年花几个月的时间,全公司就是搞促销活动,到处发宣传单、贴标语、做手册,公司的各个办事处、生产线、办公室,到处都在大张旗鼓地宣传价值观。鼓励大家提名,可以提自己,可以提同事,可以提某个团队,可以提某个项目,等等。”公司总经理这样向我们介绍。

价值观推动活动的宣传材料包括两部分,首先是对公司价值观推动活动的历史进行简单回顾,肯定价值观对整个史密斯公司美国总部135年成功历史的重要性,进而强调价值观推动活动对于公司的意义。“我们的目的是让员工从公司悠久成功的历史中感受到参与价值观推动活动是一件具有很高荣誉、很有意义的事情。”活动的主要负责人总裁办经理这样说。

其次,资料中还包含对上一年提名参与情况的回顾,在文章措辞中,我们发现,整段描述并非呆板、生硬的规定,没有强烈的命令语气,大量地采用了“我们肯定”、“我们赏识”、“请”,而尽量避免了“应该”、“必须”等具有强烈命令语气的词语,使说明看起来富有人情味和亲切感。例如在2008年的价值观推动活动的宣传资料中这样描述道:“每位员工都能参与价值观提名活动,对身边的工作和同事进行提名,……由于您的提名参与,仅2008年我们价值观推动活动就收到了2 245份提案,参与人数创历年最高”,“我们一直在努力使公司价值观融入您平时的工作和生活中……”从员工的角度出发,以尊敬和肯定的话语,能更好地激发员工的参与热情,鼓励员工积极参与。

为了引导员工正确提名,在有些资料中,还特意罗列出了一些提名题材，告诉员工哪些行为是潜在的提名对象，比如“工人的一个合理化建议”，“员工得到所在社区的某项荣誉”，“为减少浪费采取的措施”，“来自客户的一个感谢电话或一封表扬信”，“某个人或团队提出了一个新的流程或对现有流程进行了改进”……

2. 提名便捷化

公司为价值观提名设置了三种途径。第一种是正式途径，直接填写《价值观推动提名表》。每一届价值观推动活动之前，公司总裁办都会统一发放《价值观推动提名表》。为保证每个人都能收到并有足够的提名表，公司在办公区、车间的各个小角落里的文件架上，都备有一定数量的价值观提名表格，并且员工也可以直接向部门索取。第二种是附表形式，即从价值观推动宣传手册上获取《价值观推动提名表》。为方便员工提名，公司在价值观推动宣传手册上也附有提名表，员工在阅读宣传手册的同时，如果有需要可以直接拿笔填写，然后沿着折页上面的锯齿线直接撕下来即可提交。第三种是网上在线提交。每一届的价值观推动活动都会在公司网站上醒目提示，同时在网站上有明确的网络链接和操作程序指导，便于员工随时在网上下载表格，以电子邮件的形式提交。

3. 奖品寓意深刻

为了鼓励员工参与，不论以什么方式提交，只要提名，员工就可以得到一个小纪念品，并且多提多得，没有上限。提名纪念品有不倒翁计时钟、卡通调频收音机、卡能手机座、冰箱贴等。“要让员工积极参与提名，就要让奖品富有吸引力，”总裁办经理认为，“每年我们都会别出心裁地采购各种时尚而又实用的小东西，吸引员工的眼球，让员工在提名的同时还能得到一份乐趣”。谈到这一点,她顺手拿出了2009年价值观提名的小纪念品——一个标有价值观推动活动图标的冰箱贴,说道:“说起这个小奖品,其实是来源于我在国外参观中的发现,一位荷兰朋友将他们国家具有民族特色的木鞋冰箱贴送给我,之后我发现在国外有很多类似的各种不同形状的冰箱贴。既可以作为点缀修饰,又可以用来粘贴一些便利条。于是我就把我们的价值观提名奖做成这个样子,中间贴上我们的价值观主题图标,很有纪念意义……”在员工办公桌上,我们确实发现了这位经理口中的“实用”。这个所谓的冰箱贴在员工办公区域发挥了不小的作用,被贴在了电脑屏幕上、办公隔墙上……有的员工还很自豪地把它拿回家里真正当做“冰箱贴”。

通过这种“大张旗鼓”的宣传、方便的参与、有吸引力的奖品激励以及大力的推广,史密斯公司将价值观推动活动成功地做成一项“全员参与”的活动。谈到这一点,公司总经理很是自豪地跟我们讲起2007年那一届的价值观推动活动:“仅仅在10月8日到10月31日这段时间里,我们就收到南京总部及驻外机构的提名1 344份,员工的参与热情空前高涨,提名数量创历史新高。在最初的两周时间里,员工的提名源源不断,收集现场十分热闹,作为提名奖项的纪念T恤甚至两度断货!”从负责该活动的总裁办,我们了解到自2002年价值观推动活动以来,该部门收到的提名数量越来越多。

二、激发行动

让员工参与提名,寻找、发现周围符合价值观的行为只是第一步,更为重要的是让员工在发现的过程中,感知哪些行为是公司价值观所肯定的,哪些是公司文化所倡导的,进而鼓励员工将价值观内化,成为被提名候选人。公司总经理谈到价值观推动活动时特别强调说:"我们的目的不是鼓动更多的价值观提名者,而是激发更多的与价值观一致的行为。"价值观推动的最终目的是让价值观深入员工心中,让价值观落实到员工行为中。

但价值观毕竟是一种理念、一种指导思想,要做到真正的落实,就要让价值观变成具体的、实实在在的东西。"我们每年都搞价值观推动,就是要把史密斯所强调的这些价值观要素,变成一个一个看得见摸得着的奖项。"公司总经理这样告诉我们,"然后员工提议'我'今年做了什么事或者'我'的同事做了什么事,符合其中哪个大奖?我们来申请某一奖项,参与竞争,员工记住了我们的这些大奖也就记住了我们的价值观,所以说我们能够做得很具体"。

1. 细节激励

在价值观推动的宣传资料中,有一个重要的部分就是《价值观推动奖项说明》。仔细分析每个奖项,我们发现无论是直接体现四个满意的客户满意奖,还是间接表明员工满意的管理流程改进奖,四个满意的价值观充分融入、渗透到了这些奖项之中。《价值观推动奖项说明》对这些奖项这样描述道:"我们旨在挖掘能把史密斯价值观真正融入平时工作和生活中的员工和团队,我们充分赏识那些能将公司价值观融入工作的行为,如提供优质的客户服务、参与公益活动回报社会以及改进流程以帮助公司提升产量与效率……"

史密斯公司价值观推动活动设有客户满意奖、环保贡献奖、产品创新奖、公益活动参与奖、管理流程改进奖、生产流程改进奖以及工作场所安全奖等七个价值观推动大奖，每个奖项在《价值观推动奖项说明》中都有详细说明，正如其奖项名字一样，七个大奖的背后都是四个满意的具体体现。

对于客户满意奖，《价值观推动奖项说明》中这样说道："我们肯定在产品质量、客户服务、技能培训等相关工作中做出突出成绩，并超出客户期望值的个人和团队。"这是在告诉员工公司认定的客户满意行为，也是在告诉员工如何能够做到客户满意，即要从"产品质量、客户服务、技能培训"等角度出发，做到"超出客户期望值"。在一些奖项说明中，更是具体举例说明了什么样的行为才是值得奖励的行为。比如工作场所安全奖中，资料中列举了诸如"为设备安装新防护装置以减少事故发生，为消除工作区潜在危险而提出的改进措施"等，来说明哪些行为是公司所肯定的。

另外，这些奖项还有一个特点就是强调员工的自觉自愿，无论是上述所提到的工作场所安全奖，还是环保贡献奖，在说明的最后一句，公司都特别强调"所提名行为均属自觉自愿"，"我们激发的是一种肯定公司价值观，自觉自愿从事四个满意的行为"。公司总经理这样给我们解释道："我们在环保贡献奖上肯定的是那些在预防环境污染或减少废弃物排放方面作出杰出贡献的员工。被提名的环保行为强调的是自觉自愿而非政府规定行为。"这是公司令社区满意的奖项，在肯定"预防环境污染或减少废弃物排放"的具体行为的同时，公司也将四个满意的大奖上升到了一种自发行为，强调是员工"自觉自愿而非政府规定行为"，由此说明了公司价值观推动的目的不是强迫员工服从四个满意，而是让员工从主观上自愿去做，发自内心地主动让自己的行为符合价值观要求。

需要强调的是,为了体现价值观推动奖项评选的公平公正性,在奖项说明中,对于依靠公司力量而从事的符合价值观的行为,不作为公司价值观推动奖项的评选范围。此外,公司强调行为的结果产出,有结果的行为才会得到肯定,这同时也体现了公司踏实严谨的作风。例如,在对产品创新奖项的描述中,特别强调说明"被提名的新产品或改进产品必须是在本年内开发或改进成功并推向市场的"。

案例3-3

史密斯公司第一个价值观推动大奖

中国的热水器市场比较特殊,家用电器连锁商店和百货商店占了家用热水器销售的主要份额,促销员成为公司与客户沟通的关键。要让促销员始终了解产品和公司的最新信息,是一项艰巨的挑战。为了解决这个难题,公司销售部门的两位终端销售管理员进行了多次调查,发现直销员没有机会看到热水器的组装过程,因而对技术知识理解不深刻。因此,他们特意开发了一个为期 5 天的促销员培训项目,主要是介绍产品特性和优点、安装和维护、史密斯公司历史、竞争对手资料和销售技巧。培训采用多种形式,如讨论、角色扮演、工厂参观和集思广益互动等,特别是还引入了室外活动(类似于拓展训练),其中有 10 米跳台之类的活动。这个创造性的培训项目自开展以来,不仅使直销员掌握了更多关于公司和产品的知识,还提高了士气,增加了销售量。在当年的价值观推动活动中被授予"管理流程改进奖"美国总部当选奖。

史密斯公司于2002年参与史密斯公司美国总部的价值观推动活动，2004年便第一次获得了美国大奖。更令公司自豪的是，在2009年的价值观推动活动中，公司提交美国总部的价值观推动项目——阳台壁挂太阳能热水器成功研发及上市推广，以及实施的ERP新系统均成功获得"产品创新奖"和"管理流程改进奖"两项美国总部当选大奖，这也是公司首次同时获得两个美国总部当选奖，被誉为公司价值观推动活动的又一里程碑。

2. 贯彻落实

设置好奖项之后，落实就成为价值观推动工作的又一关键点。获得价值观推动大奖的员工将得到什么具体奖励呢？按照美国总部的价值观推动流程，史密斯公司每年会从被提名候选人中评选出符合上述奖项要求的候选人参与美国总部大奖的评选活动。获得美国总部大奖的员工可以免费享受为期一周的美国游，所有费用都由史密斯公司负责承担，并且一周时间不从员工年休假中扣除，员工为带薪休假。对于该奖项，公司员工可以自愿选择接受与否，如果不接受还可以申请将美国游大奖折现另作他用。

在具体奖项评选中，负责评选活动的总裁办这样告诉我们，"为减少争议，我们的评奖要力求公平，从南京总部提交至美国总部水制品事业部，最后提交给集团总部，层层筛选……"谈到价值观推动的评选过程，我们发现，正如公司总经理所说，"评选的过程，实际上就是灌输企业四个满意的过程；评选的结果，即是奖励为实践企业四个满意作出贡献的个人或团队……"整个评选过程严格按照价值观奖项说明的标准，严格筛选。除了按照史密斯美国总部公司的规定，经历从南京到总部水制品事业部再到集团总部的三层筛选外，史密斯公司自身也会经历三轮评选过程。“考虑到各奖项之间的独立性，第一轮评选按50%的比例在各奖项中选出候选项目。第二轮评选请大家再按照50%的比例对各奖项进入第二轮评选的候选项目进行投票。第三轮评选请大家对最后进入的候选项目进行投票排名。推举到美国总部评选的项目将在南京价值观当选奖中投票产生。”公司价值观推动宣传彩页上这样说到。

2008年5月，所有2007南京价值观当选奖获得者得到了亚洲游——菲律宾长滩岛游玩的机会。我们从公司内部期刊《史密斯通讯》里面摘抄了一段公司总裁办一位获奖者的游玩感受（参见案例3-4）。

将价值观推动奖励蕴涵于各种游玩的机会之中，一方面告诉员工从事了符合价值观的行为，就可以获得公费旅游休假的难忘经历，让员工对参与活动的结果感到满意；另一方面公司通过这种深入人心的活动让员工记住了这次价值观推动大奖，记住了这次价值观获奖项目，明白了什么样的行为是符合公司价值观、是公司所鼓励的，将价值观这一思想性的东西真正变成了具体的行为予以落实。“员工通过价值观推动可以享受到亚洲游甚至美国游的机会。在旅游中，员工拍照、购买纪念品……通过各种活动，在对这次难忘的旅游留下印象的同时，也对我们这次的价值观推动活动留下了印象。”公司一位价值观推动活动负责人这样告诉我们，“除此之外，员工游玩回来可以通过和其他员工交流游玩感受，与大家分享各种小纪念品，让员工再次深刻感受到什么样的行为是公司所鼓励的，无形中也延长了我们价值观推动活动的影响周期”。

案例3-4

2007年南京价值观当选奖——亚洲游

“我们在岛上住的酒店叫做Patio Pacific，离海边步行不超过5分钟的距离。且不说酒店的游泳池、健身设备、攀岩设施，光是串房间钥匙的精致项链就让大家爱不释手了。就在我们刚刚放下行李，稍做整顿的时候，服务员给我们送来了堆满了冰淇淋的菠萝汁，新鲜的色泽，沁凉的滋味，让我们顿时将炎热带来的烦躁抛在脑后。

要说在岛上的这几天是怎么过的，估计大家都说不上来，因为时间确实就是在不经意间悄悄地从你身边溜走了。留给我们的就是在岛上的点点滴滴的快乐……

即使在机场等候归程，大家也还不忘继续回顾我们的价值观，仔细地研究了一下今年各个部门还有什么项目可以争取获奖，看来今年的价值观活动一定不会缺乏大家的参与。准备好，我们就要开始行动了！我们相约，今年我们还要参与价值观活动，明年我们还要相聚价值观游！”

2007年价值观推动得奖者菲律宾游

3. 全员行动

“可以说,在史密斯美国总部属下的44家子公司里面,在价值观推动和文化推动上,我们这个公司是力度最大也是效果最好的。”谈到2009年价值观推动的骄人成绩时,公司总经理一脸自豪地对我们说,“美国总部大奖10年以前就在总公司开始设立了,但一共只有7个大奖,却有44家公司竞争,中奖率较低,所以下面的积极性不高。而我们要做的就是提高员工的积极性”。因此,史密斯公司在参与美国总部大奖的同时,又在南京本地设置了一些奖项,包括南京价值观当选奖、南京价值观入围奖以及南京价值观提名奖(见表3-1)。

表3-1 2009年史密斯公司南京价值观奖项

奖项	奖励措施	名额
南京价值观当选奖	10 000CI积分/人,亚洲游	2个/奖项
南京价值观入围奖	2 000CI积分/人,价值1 000元的礼品	5个/奖项
南京价值观提名奖	精美小礼品一份	提名即可获奖

南京价值观当选奖仅次于美国总部当选奖,公司设立了客户满意奖、产品创新奖、环保贡献奖等7个子奖项,每个奖项设置了2个名额。奖项获得者可以获得10 000CI积分和价值5 000元亚洲游的机会;为了进一步提高员工积极性,史密斯公司还另外设置了南京价值观入围奖,每个奖项有5个名额,进一步提高了员工得奖的概率,入围获奖者可以得到2 000CI积分,同时获得价值1 000元的礼品;除此之外,还有前面提到的南京价值观提名奖,提名即可获奖,最大限度地让更多员工参与进来。需要说明的是,虽然每个奖项的获奖名额有数量限制,但是如果遇到其他奖项不足或者没有的情况下,公司并没有抱着成本节约的思想,能免则免,而是将该奖

项剩余名额分配到其他提名多的奖项中去，以最大限度地让更多的员工获得相应的奖项，比如2007年南京价值观当选奖中（见表3-2），环保贡献奖、公益活动奖两项名额空缺，使得客户满意奖等其他奖项可以拥有3个甚至4个名额。

表3-2 2007年南京价值观当选奖

奖项名称	获奖项目概述
客户满意奖	品牌事件处理，维护公司声誉
	售后配件系统优化项目
	美国商务部来访组织和宣传
产品创新奖	Vertex100全预混冷凝燃气热水器设计
	第三代速热变容技术成功开发及推广
	PS安全系统设计与推广
	搪瓷钢盘管热水箱成功开发
环保贡献奖	空缺
公益活动参与奖	空缺
管理流程改进奖	及时完成再投资退税项目
生产流程改进奖	编写《酒店宾馆热水设备技术手册》
	销售终端神秘顾客项目
	加热棒自制项目
工作场所安全奖	公司车辆十年安全行驶

备注：美国总部当选奖和南京价值观当选奖不可兼得。

此外，南京价值观大奖与美国总部大奖不能同时兼得，禁止员工一奖多拿，再次确保价值观推动的全员参与性。通过南京价值观当选奖、入围奖、提名奖这三个公司自己的奖项和美国总部的大奖，史密斯公司将价值观推动活动成功做到了“记住了这些大奖，就记住了价值观”，让每一位员工参与大奖，让每一位员工记住价值观。“所以我们这样分级奖励，每年花钱不少——几百万元，但是值。每年员工很积极，很热情，年初就搞一个项目，很有奔头。美国有的，我们也有，不是一种可望而不可即的，基本上我们一两年就会有……”公司总经理说。

时至今日，史密斯公司南京总部已开展九年的价值观推动活动已经成为公司一项非常成熟的活动，其发展已远远超出公司的预期。一直负责价值观推动活动的总裁办经理这样告诉我们：“在公司中，已经形成这样一种氛围，获得价值观大奖是一种个人能力的体现，会引起其他员工的羡慕，甚至‘妒忌’；我们的员工工作更主动，公司的价值观活动投入程度也更高，竞争也愈加激烈。”

正是通过这一系列引导和强推的文化活动，史密斯公司实现了四个满意深入人心，让公司的四个满意文化无处不在、如影相随，真正融入员工心中，从而为文化落地、实现“行为体现价值观”打下了牢固的心理基础。

第四章

大化之境
——润物无声

制度不仅可以让思维变成习惯，也可以让行为成为自然。“四个满意”文化的传承不仅需要“人”的支持、“活动”的推动，更需要“制度”的保证。

要做到让“客户”、“员工”、“股东”和“社会”四方面同时满意，需要史密斯公司的员工能站在更高的视角进行全局思考，且勇于思考。因此，公司采取了“矩阵式组织结构”、“无工作说明书”等方式从体制上为员工突破旧思维提供了良好的平台；公司又用“头脑风暴”式的研讨会来帮助员工拓展新思维，培养专业眼光。但打破旧思维和训练新思维不等于让员工的行为成为脱缰的野马，史密斯公司同时制定了一套严肃、严谨、严格的目标管理体系确保员工们的行为有的放矢。

第一节　无形胜有形

“四个满意”要求员工能够从一个更全面、更长远的角度去思考，让他们的所作所为令各方都能信服。为了做到这一点，史密斯公司从打破员工传统思维、培养新的思维模式开始，让员工大胆去想、去做，而不是单纯从经验或者个人的角度去权衡利益的得失。

一、思维火花跃出边界

现实中，很多成功的新兴企业在市场上往往只是昙花一现，缺乏持续创造价值的能力，原因之一就是它们没有采取正确的方式去应对成功带来的变化。公司前期的成功往往伴随着某项核心业务的产生，为了保证在这项核心业务上的竞争力，越来越多的人力和资源被投入到这项业务中。慢慢地，以前那个充满活力与创意的工作团队变成了只注重核心业务稳定的业务部门，员工们在思考与行动的时候不再以公司的发展为重，而是以本部门利益为考量。循规蹈矩和墨守成规将在公司中蔓延开来，缺乏新的创意以及部门间的漠不关心最终将使公司不能应对市场的急速变化，在那些“曾经的成功经验”中败下阵来。

鉴于前车之鉴，为避免重蹈覆辙，史密斯公司坚持每年都总结“A. O. Smith”这个品牌之所以能经营百年而长盛不衰的秘诀。其实答案并不复杂，公司认为市场的变化并不可怕，关键是能顺应变化并做出调整，只有持续地为客户和社会创造出真正的价值，公司才能被认可，而公司的员工和股东才能在这种认可中长久地生存下去。因此公司必须培养员工持续创造价值的能力，而不是仅仅关注于曾经的核心业务。

为此，史密斯公司首先在组织结构上做出了调整。近几年在史密斯公司销售构成中，电热水器（家用）的销售占到了85%以上，公司业绩和利润的增长几乎全部来自于此。这就造成了家用电热水器在客观上成为人们关注的重心，公司其他产品得到的关注并不多。于是从2006年开始，公司逐步将组织结构从传统职能型转变为矩阵型,并在2008年正式改为事业部组织结构设置。现在公司的组织结构中,除保留一些服务型的职能部门外,其他主要的部门划分都以产品系列为导向,如家用电热水器零售事业部、太阳能热水器事业部、燃气热水器事业部等。公司做出这样的改变是基于多方面考虑的,矩阵式的组织结构不仅增强了工作的灵活性和机动性,让专业设备和员工知识可以得到充分的利用,更为关键的是,公司以此告诉员工,虽然电热水器现在是公司业绩的主要支撑,但在部门的设置上,家用电热水器零售事业部和太阳能热水器事业部、燃气热水器事业部、净水事业部是同等重要的,公司管理并不以家用电热水器为唯一重心,员工的精力也不应只放在续写曾经的辉煌上,也要放在开拓未来的市场上。

其实矩阵式组织结构并非一个新的组织形式,但史密斯公司通过这种体制的改变让员工将眼光从一个短期的成功模式中投入到一个长期的成功模式中。而这种转变为公司带来的回报也是丰厚的,2010年史密斯公司燃气热水器的销售量第一次突破10万台,并占据了高端燃气热水器市场50%左右的市场份额。

通常意义下,清晰明了的工作说明书是一家公司规范化经营的标志,但我们在史密斯公司中却没有发现这一"标志"。关于这一问题,史密斯公司人力资源部的一位经理曾反问我:"现在走进一家企业,随便找到一个员工让他告诉你,在工作说明书中对他的岗位描述是什么,他真能说出来吗?"确实在许多公司,制作精美的工作说明书仅仅是一纸空文,没有发挥其真正的作用,但这也绝不是史密斯公司不制定工作说明书的借口,实际上公司在成立之初就曾对这个问题做过深入讨论。

在史密斯公司的高层管理者看来，工作说明书虽然能规范员工的行为，但也限制了他们的行为，把他们平日的所思所想都限定在某个范围内。一旦有了工作说明书这样规范性的文字，那就等于告诉员工："嗨，这些是你必须做的；那些是你不用做的，你做了也没报酬。"或者说："这些都是领导们应该做的事，你不能碰！"这显然违背了史密斯公司培养员工全局思考意识的初衷。

因此，为了让员工们的思维不局限于部门与岗位，不制定工作说明书可以说是史密斯公司的战略性"不作为"。这种"不作为"的做法给史密斯公司带来的影响是巨大的，这向员工们传达了这样一个信号——公司里没有所谓"你的事"、"我的事"，只有"我们的事"，"我们的事"就是公司的终极目标——让"客户、员工、股东和社会满意"。而这种影响在行为上最主要的表现是公司中越来越多的工作、许多重要的工作由跨部门"项目小组"完成。

案例4-1

成本降低3 000万元——部门合作的力量

为了应对2008年下半年爆发的金融危机，史密斯公司在2008年12月成立了重大改进改善项目组，希望通过成本的降低来缓解公司面临的压力。该工作组由生产部门总监牵头，目标是一年内实现降低成本3 000万元。

这项工作并不轻松，作为一家制造企业，史密斯公司对于成本的控制无时无刻不在进行着。要求在一年内突然再降低3 000万元，对于各个部门而言都是不小的压力。实际上2008年公司的利润为1.4亿元，降低3 000万元的成本可以理解为利润提升了3 000万元。但工作并没有因为困难而被终止，相反，员工们对此表现出了极大的热情。

史密斯公司之所以有这样的底气，源于员工们对于公司跨部门合作能力的信心。多年以来，公司每年都会实施10个左右的PEP项目（Performance Excellence Plan，指为了解决公司中存在的重大问题/难关，由一位高级管理人员牵头，相关部门人员参加的改质、改进项目）。多年的项目经验已经让公司的员工习惯于互相帮助、互相激发、互相影响，并共同寻找出最优问题解决方案。

合作首先来自于联合设计部、财务部和生产服务部。"我们日常的一些操作掩盖了许多问题，其实金融危机给我们带来的并不是新的问题，而是暴露了我们以前就存在的问题，就如我们的零件标准化做得不够到位，有些零件明明很类似，我们却分开购买，没有实现规模效益。而我们现在需要做的就是找出这些问题，然后把它们解决掉。"因此三个部门决定先由联合设计部、财务部对BOM（Bill of Materials，物料清单）中相似或相同的零部件进行对比分析，找出不合理之处，然后交由生产服务部进行进一步核实。如的确发现有不合理之处，则计划统一购买，并重新进行价格谈判，从而消除浪费，降低成本。截止到2009年10月，仅此一项节约的成本就达311.6万元。

围绕着"降低成本"这个主题，跨部门间的"价值分析"、"零部件自制"、"工艺及设备改进"等子项目都陆续开展起来。最终，项目组在2009

年的9月提前完成了降低成本3 000万元的指标，并以此项目在10月申请了当年史密斯公司的南京价值观推动大奖，而当他们在12月获得这一奖项时，这个项目已经累计降低成本4 433.7万元（见表4-1）。

表4-1　成本降低3 000万元项目进度表（单位：万元）

项目明细	1月	2月	3月	4月	5月	6月	7月	8月	9月	10月	11月	12月	总计
BOM分析	23.6	25.5	22.9	36.2	36.6	28.3	33.2	33.2	37.5	34.6	35.6	39.4	386.6
价值分析	30.4	32.9	29.5	46.7	47.2	36.5	46.2	46.3	48.5	44.6	46.1	50.9	505.8
价格谈判与招竞标	186.2	201.4	180.5	285.8	288.8	223.4	273.5	273.9	296.5	273.0	281.7	311.3	3 076.0
APCOM相关	0.0	0.0	0.0	24.5	24.8	19.1	21.2	21.3	25.4	23.4	24.1	26.7	210.5
零部件自制	0.0	0.0	0.0	0.0	8.4	6.5	9.3	9.3	8.6	8.0	8.2	9.0	67.3
工艺及设备改进	0.0	0.0	12.8	20.3	20.6	15.9	17.6	17.6	21.1	19.4	20.0	22.2	187.5
总计	240.2	259.8	245.7	413.5	426.4	329.7	401.0	401.6	437.6	403	415.7	459.5	4 433.7

史密斯的管理者在回顾这段经历时向我们总结道："任务并不轻松，但部门间的相互熟悉以及多年的项目工作经验让我们事半功倍。"

二、思想风暴充斥头脑

事业部制的矩阵式组织结构和无工作说明书帮助史密斯公司突破了员工由于一些阶段性的成功经验或者部门的客观存在而带来的思维上的束缚。但史密斯公司制度建设的目的不止于此，让员工突破旧思维只是第一步；开拓他们的新思维，培养其专业的眼光，从而将他们的行为和公司联系起来才是关键所在。现在只要走进史密斯公司，你会发现公司时时刻刻都在训练员工们如何去思考问题，而这一训练的主要途径就是"头脑风暴"式的研讨会制度。在这种研讨会中，公司让员工们大胆地想象，说出自己的想法，即便说错也不会被指责。

在史密斯公司,有一种“酒过三巡,开始讨论”的说法,指的是史密斯公司的员工们往往在饭桌上吃到一半时,其中职位较高的员工会让大家暂时放下筷子,就公司出现的某一问题按次序挨个进行发言。史密斯公司的管理者很喜欢这样的方式,因为“酒过三巡”之后大家的思路更加活跃,言语之间的顾及也不再那么多,好点子也就更容易产生。这样的讨论有些类似于我们常说的“头脑风暴”,但与标准的“头脑风暴”相比,史密斯公司还增添了一个新的要素——“挨个发言”。“挨个”就意味着每个人都要说,而当每个人都说完之后,那位职位最高的领导者也许会加上一句,“这轮力度不够,我们再来一轮”。

此法源于史密斯公司总裁丁威在美国的经历。在美国企业的会议中,大家都会就上司提出的问题踊跃地发言,努力地寻找解决的方案,但在中国情况则正好相反,就像在我们的课堂上,当老师提问时,即使班上最聪明的学生也会马上低下头,不敢与老师对视。这并不是说中国学生在思维敏捷性上比不上外国学生,实际上这是我们教育体系长期训练的结果,无论是在课堂上还是平时的交流中,我们的学生都害怕因为自己提出的问题过于简单而受到嘲笑或者因为回答错误而遭到指责,甚至因为提出了一个有见地的想法而被其他人看做是“哗众取宠”。因此,丁威在回到中国后,从饭桌到会议,在讨论方式中添加了许多新的元素,当没有人积极发言时,他就会采用挨个发言的方式,这样就避免了会上没人发言的困境。因为可以想象轮到你发言时,说出一个观点、哪怕是随便说一个观点也总比一句话也说不出、讨论因你而冷场好得多;而如果你的观点能够在众多的观点中独树一帜,那么赢来的也将是赞赏的眼光,不会让人觉得你是在刻意表现自己，毕竟每个人都发过言了。

其实在最开始的时候，公司内有很多人并不适应这种讨论方式。客观地说，挨个发言在形式上带有一些强制的意味，尤其是没有达到期望的讨论效果时，讨论将会一轮一轮地进行下去。但慢慢地大家发现没有人会因为在讨论中说错话而受到其他人的嘲笑和责备，而会议的组织者也只是负责组织大家发言，记录大家的观点，而不是去发表“对与错”的评论。于是，员工们便不再担心“说错话”，而是担心“说不出话”，这实际上也是史密斯公司采用“头脑风暴”式讨论的另一个目的——训练员工的思维。就像智力需要开发一样，思维也是需要训练的。对于史密斯公司的员工而言，如果明天要参加一个关于品质改善的讨论会，就意味着他需要在会议之前想出几个点子——“让车间的组长对小王做一次专门的辅导，因为小王的次品率是最高的”或者“建议采购部门更换一家虽然价格稍高但品质更好的原材料供应商”。总而言之，这位员工明白他必须想出些什么，否则第二天的会议上到他发言的时候就要冷场了，而史密斯公司正是希望通过这样不断的训练，让这位员工学会主动发言，培养出一种专业的思考模式，去发现公司中显性的和隐性的问题。实际上，对于很多史密斯公司的老员工来说，他们已经习惯并喜欢上了这样的发言，因为一旦意见被采纳，对于他们而言也是一种自身价值的体现。

正是通过这样的讨论方式，史密斯公司获得了许多有价值的想法，就如公司在2009年以前主要涉足的是电和燃气热水产品，在进入太阳能热水产品市场时，公司既无经验也无人才，但就是在这样的条件下，公司内一群非太阳能专业人士通过一轮一轮的发言，讨论出了公司第一款太阳能热水产品的设计创意——阳台壁挂安装设计、UNI集/控热系统、分体承压设计、集热箱与水箱分体设计，思维交汇使得这款产品最终成功进入华东市场，并在德国柏林的世界消费电子展上一举获得家用电器绿色环保产品创新大奖。

案例4-2

思维的碰撞——2009年史密斯公司年终讨论会

2010年年初史密斯公司在南京的一家会议中心举办了一场年终讨论会。主会场上，在公司销售总监和总经理简短的开场白后，来自全国各地的销售经理们便分成了八个小组，就“二级市场如何拓展”以及“如何打造专业化的品牌形象”这两个议题分别进行讨论（每四个小组讨论一个议题）。每个小组都有一个负责人，讨论时长为一个小时。实际上此次被讨论的两个议题来自于公司之前进行的更大范围的讨论：2009年年底的时候，公司要求每个部门提出几个“公司明年应该主要解决的问题”。从各个部门内部的“头脑风暴”开始，数百个议案自下而上通过层层的筛选，最终这两个议题脱颖而出，而此次年终讨论会就是为这两个问题找到可能的行动方案。

小组讨论都是单独进行的，离开主会场后，销售经理们便分别进入不同的分会场参与讨论。在一个议题为“如何打造专业化的品牌形象”的小组中，组长首先陈述了一些简单的会议要求，在选择了一名成员负责对讨论内容进行记录后，大家开始轮流发言。也许是因为领导风格的原因，组长并没有要求大家挨个发言，但实际上，除了记录员外，其余九位小组成员发言的次数都超过了两次，当会议进行到47分钟的时候，小组记录员已经列出了16条可能的方案。最后小组用了六分钟以投票的方式选出了在他们看来最有效的广告策略：① 制作一份DV在卖场循环播放；② 建立培训大学，提高知名度；③ 在销售终端进行展示；④ 在官网上开通在线咨询服务版块；⑤ 努力建立行业标准。

讨论的过程比较流畅，组织者除了一些承上启下的语言外，没有发表自己的观点，而参加者的发言也是陈述自己的观点或者在他人观点的基础上进行延伸，过程中没有出现因为某个观点而争执的现象。至于讨论的结果可谓是五花八门，有些想法甚至已经超出了“广告”的范畴，比如之前列举的第⑤点“建立行业标准”，这似乎更像一种战略，而大家在最后投票时也没有因为它超出了讨论的范围而排斥它，因为大家认为如果能在史密斯公司的广告或者营销中传递一个思想——史密斯公司要做行业的领导者，这样效果可能更好。

小组讨论结束后，销售经理们又回到大会场。各组派出一名代表将本组的结果进行汇报，然后由会议组织者归纳出词频最高的几条建议并进行排序。当排序确定后，公司总经理就这些建议与销售经理们进行了简短的交流。大家的意见各不相同，当前在二级市场上做得最好的经理也并非完全赞同列举在前几项的广告策略就是最有效的。接着，在总经理一句“去年我们也像这样讨论过一些问题，那么大家认为这样的讨论有没有效”后，大家的话题从二级市场和广告转移到了讨论过程本身的有效性上，答案同样也是五花八门。

实际上，那天的讨论并没有达成一个统一的结论，至于史密斯公司今后在二级市场或者广告策略上应该怎么办，总经理在听取大家的意见后也没有发表任何自己的意见。但半天的讨论让在座的很多人深深地体会到了“头脑风暴”讨论的过程,从思维开始运转的一刻,到灵感的迸发,到亲口说出自己的观点,再到比较最后被选出的建议和自己观点的差别,这是一个学习并令人兴奋的过程。会后一些销售经理这样告诉我们:“这是我第二次参加公司年终组织的‘脑力激荡’会。正是从去年的讨论会中,我了解到还有这样一种讨论的方式……一年来,我一直尝试着在我的管理中运用这种方式,也从中获得了很多很好的点子……这次会议让我发现,在以后我主持的会议中,我的话应该再少些,把时间都留给其他人,哈哈……”

在史密斯公司,“头脑风暴”不仅是一种讨论的方式,也是一个训练思维的过程。在公司,敢想、敢说已不再是特例,大多数员工已经学会了如何去表达自己的看法。从餐桌到办公室的小型例会再到年终的总结大会,从“这款热水器的冷热水开关应该怎么设计”到“怎样提高这款机型的市场占有率”再到“未来一年公司应该主要解决的问题”,处处都能看见“头脑风暴”式讨论的影子,处处都能看见史密斯公司的员工在用“头脑风暴”的方式去解决他们所遇到的问题。“头脑风暴”已经成为史密斯公司的一种习惯。

第二节　无形亦有界

史密斯公司用了大量的努力去打破员工既有的思维边界,训练他们新的思维模式,从而使员工能够从一个更高、更全面的角度去思考问题。但公司此举的目的不是训练“脱缰之马”。如果说公司对于思维的管理是宽泛而自由化的,那么对事情的管理就详细而严格得多;如果说公司在对思维的管理上是无形的管理,那么在实践层面的管理则是通过“目标管理”体系变得无形亦有界。

目标管理最早由彼得·德鲁克在20世纪50年代提出,这是一种通过目标进行管理,以自我控制为主并注重工作成果的现代管理方式。史密斯公司深深地明白,一个明确可行的目标不仅可以让员工在行动时具有方向性,不至于茫然努力却无所成,还可以使员工从外部获得更有针对性的建议和帮助,更能通过对目标完成的情况实行奖励来激发员工工作的热情。所以公司在目标管理的时候显得格外认真与严肃。在史密斯公司,虽然不会有人拿出一叠厚厚的资料告诉你目标管理的定义是什么,但正是在这里,我们看到了这一经典管理技巧的鲜活应用。如果用公司员工自己的话总结,那就是“长期以来公司都在非常严肃、严谨地对待(目标管理)这件事”。

一、标准彰显严肃

要让员工在客观上严肃地对待“目标管理”,首先要建立一系列奖惩标准,将目标与个人的切身利益相结合。史密斯公司每年都会为每个员工设定4—6个目标,这些目标的完成情况将作为绩效考核的主要指标从而影响奖金的发放。举一个例子,如果说史密斯公司的一位部门经理在年初确认了5项目标,假定这5项任务同样重要,权重均为20%,到了年末,在没有什么“特殊原因”的情况下该经理只完成了其中2项(完成

40%),那就意味着今年的绩效奖金他只能拿到40%。值得一提的是,公司对“特殊原因”的定义是非常严格的,除非情况真的不可抗拒或者出现了安全质量上的隐患,否则公司很少会改变年初制订的计划。比如受2008年金融危机的影响,公司经过多次讨论将年初制订的销售计划增长由18%改为10%,而这次改变也是公司成立以来屈指可数的几次之一。

此外,目标完成情况会影响到员工未来的职业发展。史密斯公司开发了一种“人力资源矩阵”式测评工具对人才进行测评(见图4-1),其中横坐标代表潜力,纵坐标代表业绩,处在A1、A2、B1的员工被定义为高潜力人员并将直接进入“公司继任计划的人才库”,处在C3的是被公司认为需要帮助或者即将劝退的人。在评审中,个人目标的达成情况将作为“业绩”的主要参考。也就是说上述提到的这位经理将因为其在目标管理中的糟糕表现,在测评中只可能出现在C3、C2、C1,即便这位经理在平时的工作中体现了很高的潜质,处在C1,和B1只差一格的距离,但这个距离也足以让他失去快速晋升的机会。

业绩			
A	A3	A2	A1
B	B3	B2	B1
C	C3	C2	C1
	3	2	1 潜力

图4-1　人力资源矩阵

将目标与个人的薪酬和职业发展联系起来，史密斯公司通过一系列奖惩标准让员工对自己的目标“肃”然起敬。但公司对于“标准”的理解不仅限于对目标完成结果的管理，也包括了目标设置的过程。

史密斯公司每年年终的时候会在高层管理人员内部召开年度性的总结会（通常情况下，公司第四季度总结会就是年度总结会），就目标管理工作进行梳理。会议在一个标准的流程下严肃进行，各部门的总负责人将轮流上台报告，报告均包含三个固定的模块：本部门本年度目标的完成情况，下年度的目标设置，下一季度的工作重点。每一模块报告结束后，都会经历一个互动的环节才能进行到下一模块，比如报告人介绍完了本年度目标的完成情况后，总经理便要求其他部门的负责人就目标实际完成的情况、其中的经验教训以及这些目标是否真实地考核了该部门去年的工作进行讨论；当报告人陈述完了下一年的目标计划后，总经理会要求其他人就目标设置的合理性以及权重的合理性进行讨论；当报告人完成了下一季度工作重点的汇报后，总经理又会就这些工作是否抓住了重点、有没有更重要的事情要求大家进行讨论。在每位报告人的报告过程中，总经理都在不断地重复着这些问题，在每一轮讨论中，总经理也会要求在场的大多数人说出自己的观点。

在史密斯公司看来，目标管理不是某个部门、某个人自己的事，而是全公司共同的事，只有所有的人都参与进来，发表观点、提出质疑，人们才能严肃对待。如此的会议流程安排让所有的与会人都明白，无论谁在发言、发言到了哪个环节，自己都不能置身事外，因为自己必须针对报告人的发言说出一个个观点，而这些观点很有可能影响到该部门最后的目标设置，进而影响到公司来年的市场表现。同时,报告人也会在同事们的质疑与建议中不断反思自己的目标,并最终建立一个大家都能接受的目标。高层管理人员的总结会结束后,公司会自上而下地举办类似的会议,将各部门的目标分解并最终落实到每个人的身上。

二、量化尽显严谨

在史密斯公司,被认可的目标一定都是可量化的,一定都是“从多少到多少的改进”,而不是所谓的“快速增长”和“显著提高”。比如公司对于生产服务体系的要求是“维修一次完成率(季/年度环比)提高 2 个百分点”,对销售体系的要求是“高端产品的占比(季/年度同比)在原有基础上提高 5%”。对于史密斯公司而言,“没有量化要求的目标只是口号,不是目标”。

史密斯公司对这一理念的执著源于其“务实”的精神。公司认为客户、员工、股东和社会这四者都是鲜活且智慧的主体,公司每一个举动的好与不好,他们都清清楚楚地看在眼里,在实践操作层面,没有什么投机取巧是瞒得过去的。因此公司多年以来一直坚持让“数字”说话,用具体量化的目标告诉员工只有脚踏实地的努力才会实现自己与客户、股东和社会的共赢。

当然,将一切考核都进行量化也并非易事,比如:要考核一项完全未知的新项目或者部门间的内部服务水平时,怎样的考核才能反映真实的水平?面对这样的问题,史密斯公司的思路是先建立一个可量化的考核标准,测出当前的水平,并在这个基础上设定进一步的量化指标从而不断地改进。至于标准本身在设置时的不合理之处，则可以在改进中不断地完善。在公司看来，目标只是一个手段，关键是通过对这个目标的管理使得公司管理得到了实实在在的改进。

案例4-3

内部客户服务项目

为了测量并提高部门间的内部服务水平，史密斯公司在2001年年底独自开发了一套考核体系——内部客户服务项目（以下简称ASTAR）。如图4-2所示，在ASTAR同心圆中，外层部门为内层部门服务，由外及里，最终所有部门提供的服务都体现在对公司的销售体系工作的支撑上。其中，相邻两层圆形中内层的部门是外层部门的“内部客户”。

考核通过问卷的形式，主要考察五个关键的服务考核指标（关注、速度、可靠、准确、有能力）。问卷上，这五个指标将分别用若干条目进行描述，员工则根据自己平时的感受进行评分。如在测量“关注”时问卷上一共有8个条目描述，其中第1条和第2条为“积极倾听了解我的需求，对问题能够耐心解释”，“当我打电话要找的人暂时不在时，其他人员能够记录信息并转告”，而员工则需要根据实际情况中的感受选择5分—总是，4分—经常，3分—有时，2分—很少，1分—从不，不适用。

A—Attention（关注），重视并珍惜对内部客户的服务；

S—Speed（速度），准时的服务及快速的响应，而所谓的“准时”与“快速”是由内部客户来定义的；

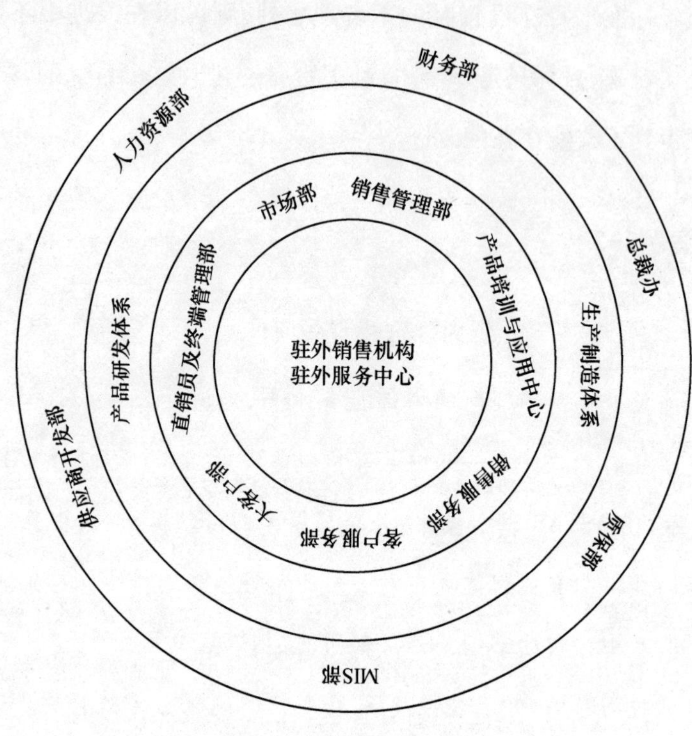

图 4-2　ASTAR 同心圆

T—Trustworthiness(可靠),内部客户感受到为他们提供服务的人员具有专业水平且能够信守承诺;

A—Accuracy(准确),内部客户希望事情在第一次就做对;

R—Resourcefulness(有能力),内部客户希望服务人员具有高效解决问题的能力。

从 2002 年开始,每年年底史密斯公司人力资源部都会将 ASTAR 问卷发放到员工手中,邀请其对相关服务部门进行评分。现在,ASTAR 考核已经成为史密斯公司一套比较成熟的管理工具,许多部门都将 ASTAR 的得分作为内部组织建设的重要指标，并将本部门 ASTAR 得分的提升作为年度目标之一。确实，这个考核体系有着很多值得我们借鉴的地方：为确保得分客观，评估都是单向进行的，不存在互相打分的情况，即评估者都是被评部门的“内部客户”，这样就避免了部门间为了不互相得罪而出现“你好我好大家好”的现象；为保证相对公平，测评时均采用无记名的形式，从而避免了因为畏惧权威而只打高分；为做到测评有效，公司要求参加测评的员工加入公司至少满半年，这样就避免了评估者对被测对象不甚了解而随便打分。

但是 ASTAR 考核体系具备的这些优点，以及在公司受到如此高的重视度也不是从其诞生就有的，而是通过这么多年来公司将其作为“目标管理”的重点一步步造就出来的。公司每年都会将收回的问卷进行统计并向全体员工公布，排名在倒数前五位的部门，公司会要求其将 ASTAR 得分的改进作为第二年的目标并赋予权重。而 ASTAR 这个考核体系本身也在众人的关注中，从各项条目描述得更加专业化到 logo 的不断演变愈加完善。

ASTAR 考核体系在管理上虽然缺乏理论价值，在考核的有效性和可信性上有着一定的缺陷，但史密斯公司确是因为通过对这个管理目标的应用，提升了自己的内部服务水平。从 2002 年的公司平均得分 55 分开始，到 2010 年的 69 分（见图 4-3），每一年史密斯公司都在量化管理中不断得到进步。ASTAR 用一个个具体的数字真实地反映了史密斯公司内部服务过程中的好与不好，阶梯式的得分分布告诉员工，在这个考核体系中不存在“你好我好大家好”的默契；得分有上升有下降的情况也告诉员工，取得某一年的高分也许容易，但是要长年保持高水平的客户认可程度却是很大的挑战。

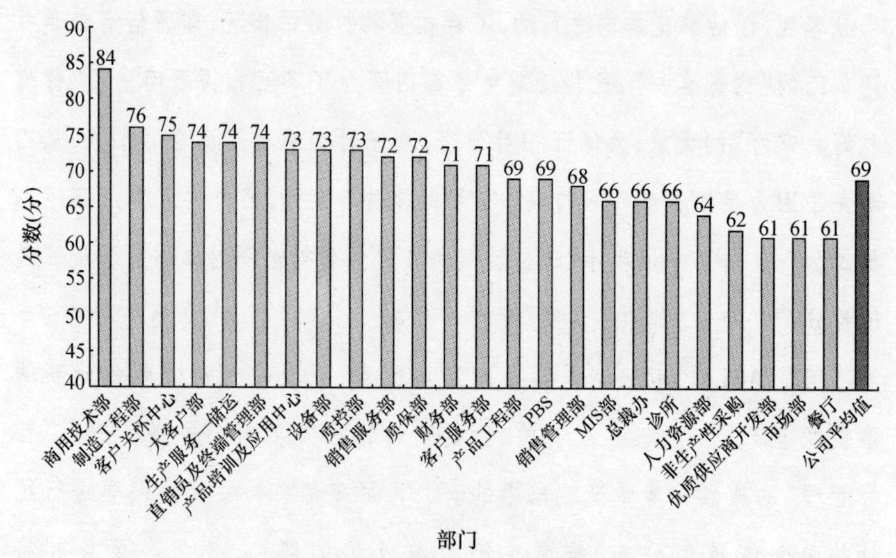

图 4-3　2010 年各部门评估结果比较

三、详尽方显严格

史密斯公司深信，制订详尽的行动方案是目标得以实现的保证。在每一项目标的制订计划中，公司都要求包含“行动方案”部分。该部分不仅包括为了达到该目标所需采取的行动，也包括每项活动开展的时间。如表 4-2 就是生产管理部门针对“2011 年损失工作日工伤改进 20%”（从 2010 年的 4 起改进为 2011 年的 3 起以内）的目标（权重为 10%）设计的行动计划方案。

表 4-2 生产管理部门安全目标行动计划方案

序列号	行动计划	负责人	计划											
			一月	二月	三月	四月	五月	六月	七月	八月	九月	十月	十一月	十二月
1	实施每周1个安全主题活动:培训、安全隐患识别		→	→	→	→	→	→	→	→	→	→	→	→
2	对每个人的岗位安全技能进行反向确认和稽查,目标:使每个人100%掌握岗位安全技能		→	→	→	→	→							
3	对车间所有员工实施公司近4年的安全事故案例考试(事故发生的过程、原因、改善对策),目标:100%通过(不合格者再考试,直到合格为止)			→	→	→								
4	车间组长以上人员每周实施不安全行为稽查工作(车间经理:1次以上/周,班组长:2次以上/周)		→	→	→	→	→	→	→	→	→	→	→	→
5	组织1次车间全员性的消防安全演习和2次安全知识竞赛活动(员工参与率:100%)				→		→	→				→	→	
6	冲压车间和喷涂车间安全视频教材的制定和培训(内胆车间已在2010年完成)		→	→	→	→	→	→	→	→				

对于一个部门而言,行动方案可能相对粗线条,但对于一线的生产服务人员,行动方案则要详尽、具体得多,以便于操作执行,如为了提高上门服务的“非常满意率”,公司将上门服务分为“上门前准备”、“进门”、“安装准备”、“机器安装”和“安装后续”5个阶段,每一个阶段中又包含了若干标准化的操作环节。如在“进门”阶段的“准时上门”环节,公司要求服务人员必须在与顾客约定的前15分钟内上门;若预计超出此时间段,必须提前半小时同顾客再次联系,耐心解释,取得顾客谅解,并确认准确上门时间;若顾客不在家,需立即与顾客取得联系,若联系不上,需按照和顾客约定的最终时间开始计算,在顾客门前静候30分钟后方可离开,并在顾客门

前留下留言条,以便与顾客再次联系。

由此可见,史密斯公司对行动方案的设置可谓是详尽而细致。但设置如此详尽的行动方案并不是说史密斯公司想通过一些刻板的文字或者是硬性的要求去逼迫员工完成什么,相反,公司希望通过"制订行动方案"这个过程让员工深入思考。和设定量化的考核指标一样,为目标设立具体的行动方案也是史密斯公司"务实"的表现,只是量化的指标更显"目的性",详尽的行动方案更显"可行性",将目标分解到每个具体可行的步骤,以此来告诉员工未来的工作重点,从而提升目标的完成率。公司不希望设定的目标是自欺欺人,只有口号没有行动;也不希望设定的目标好高骛远,只有决心没有相应的行动方案支持。

总而言之,史密斯公司充分给予员工想象和行动的自由,但也通过目标管理体系来确保这些自由不偏离轨道。史密斯公司认为不仅员工有责任认认真真地去完成他们的目标,公司的管理者也有责任明确地告诉下属他们在未来一年中应该努力的方向。实际上,公司也正通过目标自上而下的制定方式向员工传递很多文化的精髓,如全员参与目标制定、不断地量化改进、将目标体现到行为上等。

第三部分　大化之形——“四个满意”到行为

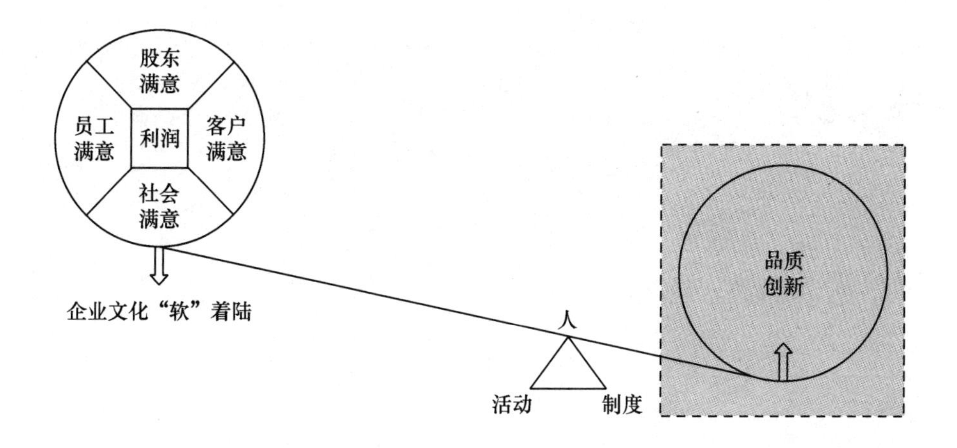

第五章

大化之境
——品质至上

史密斯公司认为,公司和员工的实际行为体现了企业的真实理念。在本章中,我们要展现的就是"四个满意"的企业文化如何内化为史密斯公司员工的日常行为,进而激发他们追求品质的激情和创造力,不断提升产品和服务的品质,创造价值,最终践行"四个满意"。

史密斯公司对品质的重视首先体现在战略上。公司始终不懈地坚持热水器产品市场的"蓝海战略",将高品质作为公司的价值创新基点,以获取营利性增长。公司认为,品质先行战略的实施,关键在于培养和提升员工的质量意识。公司通过制度、培训及流程简化等各种方法,鼓励更多的员工参与到品质改进的过程中来。在产品设计和开发的过程中,史密斯公司通过全方位的市场调研把握真实的市场需求,作为产品设计的依据;以严谨的产品开发流程确保产品开发围绕消费者需求进行,并且保证产品的可靠性和细节完美。最后,史密斯公司将售后服务和调查获得的反馈作为产品和服务品质改进的依据,以此为公司追求品质至上、"质始质终"的实践形成回路。

第一节　孜“质”以求

史密斯公司认为，“四个满意”是公司取得目前卓越成绩的根本原因。“四个满意”既是公司与员工的行为准则，又是其追求的最终目标，其本质是为公司及公司所重视的四个利益相关者共同创造价值，从而使这些利益相关者“满意”。并且，“四个满意”应该是一个系统推进的工程，只有系统推进才能实现企业的成功。从“四个满意”的价值观出发，史密斯公司在公司运营的所有层面上寻求更好地为这些利益相关者服务。那么，史密斯公司到底如何达到“四个满意”这一终极目标呢？面对不同的利益相关者不同的现实需求，公司需要做出什么样的行为才能达到“四个满意”？

史密斯公司总经理这样说道：“要让股东满意，就要为他们创造利润；要让客户满意，要能及时满足他们的各种需求，提供优质产品和服务；要让员工满意，也离不开各种物质奖励和精神需求的满足；而要让社会满意，就要诚实纳税，创造就业，与社区和谐相处。因此，创造价值是实现“四个满意”的重要前提。而价值创造的载体，就是企业的产品和服务。”史密斯公司认为，产品承载着一家企业的精神和责任，品质的好坏则直接体现它对客户、社会、股东和员工是否真正承担起责任。史密斯公司对品质的高度重视，首先就体现在对高品质“蓝海战略”的不懈坚持，并能成功地在员工中培养起“从我做起”的品质意识上。

一、品牌策略

1998年,史密斯公司美国总部投资3 000万美元,在南京独资成立史密斯公司。尽管截至2001年,史密斯公司在中国一直是亏损运营,但在中国加入WTO后的数小时内,史密斯公司美国总部就宣布增资2 000万美元,将史密斯公司建成亚太地区最大的热水器制造和研发基地,建立了完善的研发、生产、销售及服务一体化的现代化管理体系。这样的举措在当时实属罕见,甚至至今很多国际企业仍然只是将中国作为制造工厂,而并不配备独立研发功能。这充分说明了史密斯公司美国总部对中国市场的决心与热情。2004年,史密斯公司水产品事业部全球工程研发中心在中国南京正式成立,为中国及全球市场的产品研发、技术应用及工程技术服务提供支持。2006年,公司总部再次投资3 780万美元对原有工厂进行扩建,工厂面积和产能在原有基础上扩大了一倍。至此,基本形成我们今日所见的A. O.史密斯(中国)热水器有限公司。事实证明,公司在中国市场上一步步取得的骄人成就,没有辜负美国总部巨额投资的信任。

在美国,“A. O. Smith”是家喻户晓的热水器品牌,市场占有率达50%以上。史密斯公司将美国总部的愿景——“成为家用和商用热水产品市场上公认的行业领先者,并为投资者创造超出同业的投资回报,树立追求卓越和不断改进的公司口碑”——传承到中国来。为了在中国市场上达成这一愿景,同时基于对行业状况的判断,史密斯公司决定走高端精品路线。公司刚进入中国时,中国市场上的热水器品牌超过400个,区域品牌和国际品牌并存(以区域品牌为主),产品品质良莠不齐。公司总经理评价道:

“中国的热水器市场不缺产品,缺的是精品。”中国的消费者需要高品质的热水器,以获得安全、舒适、方便的使用体验。高端热水器市场拥有巨大的潜力,能够给史密斯公司的“买方”,包括用户、代理商等,以及股东和企业自身,都创造价值。

史密斯公司在其经营的所有领域追求高品质,追求价值增长。公司寻求成为家用和商用热水产品领域的领先供应商,其品牌定位是“热水专家”,而非“热水器专家”;品牌内涵不是单一的产品制造,而是全方位、一站式热水解决方案提供方。史密斯公司不仅生产和销售家用热水器和净水器,还为商用用户提供热水解决方案。商用产品是公司保持高利润增长的主要来源,也是公司未来一段时间内的发展重点。再加上太阳能、热泵、家庭取暖和家用净水等新产品和新技术的推广应用,史密斯公司在中国的发展前景非常乐观。

然而,知易行难。虽然确定了高端精品定位,史密斯公司在战略推进和执行的过程中难免遭遇重重障碍。第一重障碍,就是在拥有400多个品牌的热水器市场中的血腥厮杀。由于资本不足、生存压力较大,一些企业选择“低质低价”的生存策略,以多样的销售手段和较低的价格抢占市场,回笼资金。正如W.钱金和勒妮·莫博涅(“蓝海战略”首创者)所说,在越发拥挤的市场中,企业要获取生存和发展空间,就不可避免地要参与竞争。许多企业因此陷入了价格战的泥潭,在有限的市场空间中,与竞争对手争夺日益缩减的利润。这些“拼杀”激烈的市场空间被形象地描述为“血腥的红海”。因为不重视产品品质,行业内又缺少行之有效的标准进行监督规范,由热水器质量问题造成的事故频频见于媒体报道。

W.钱金和勒妮·莫博涅指出,要赢得长远的发展,企业需要寻求蕴涵巨大需求的新的市场机遇。企业要将注意力从竞争者身上转开,努力为企业自身和买方创造价值飞跃。这正是史密斯公司的选择。正如前述,公司将定位于“高品质”,实现“蓝海”价值的创新基点。然而,很多人会有这样的疑问:公司能否在热水器市场的“红海”中开辟出一片“蓝海”?高品质是否真的优于低质低价?

面对混乱的市场,史密斯公司一贯坚持它对品质的高要求——尽管公司的产品价格高于市场普通产品的价格,以至于对当时的销售造成了相当大的困难。史密斯公司生产部门总监回忆说:“一开始,因为我们的产品比较贵,因此销量很小,甚至一天只卖二十几台。”进入中国的第二年,史密斯公司生产的产品通过了“UL”认证,返销美国,并且不断地寻求开发更适合本土消费者需求的产品。随着对中国市场了解的愈加深入,对消费者需求的精确把握,以及销售渠道的不断扩展和品牌口碑的逐步建立,史密斯公司很快走出了困境。三年亏损期过去后,史密斯公司开始了突飞猛进的市场扩张,史密斯公司很快成为销售额仅次于海尔的行业领先者。2009年3月,中国市场研究机构——中怡康发布的数据显示,史密斯公司的热水器销售额超过海尔,跃居行业首位。这时,中国的热水器品牌已经不足100个,许多当初的知名品牌如小鸭、康泉、大拇指等都已经销声匿迹。史密斯公司用优秀的市场表现回答了众人的质疑。

案例5-1

“同质化”的误区

2000年以后，热水器行业竞争加剧，许多中小企业开始宣传“同质化”这个概念。他们认为，自己的产品与市场上的领先产品已经没有差距，消费者在选择购买时最主要的衡量依据是价格。因此，当时的许多企业期望通过降价以扩大销量，在市场上站稳脚跟。

然而，丁威认为，“同质化”是一种具有误导性的概念。简单来说，“同质化”是指，同一大类中不同牌子的商品在性能方面趋于一致，因此在消费者选择购买的过程中，很容易被竞争对手替代。“同质化”是从静态的观点，基于产品本身的特性，与竞争者相比较而做出的一种判断。然而，产品的性能归根到底是为了满足消费者的需求。从理论上讲，面对“同质化”竞争的企业的首选策略是市场细分，从消费者需求出发寻找差异化契机。因此，“同质化”的企业需要首先问自己这样的问题：“消费者对我们产品的预期是什么？现有的产品是否满足了他们的需求？还有哪些需求没有满足而我们可以为之努力？”作为一个外来的品牌，史密斯公司能达到现今的成绩，离不开它对市场信息和消费者需求的挖掘。公司的高端定位和广受认可的高品质产品的成功，都是基于其对市场和消费者的准确把握。

史密斯公司认为，坚持高品质是公司可持续长期发展的战略选择。1998年，史密斯公司出品了一款电壁挂产品，加热棒位于侧面，该侧面为三个元件各留出一个孔。后来，为了组装及维修方便，将三个孔改为一个大孔，并为此额外加上保温层，工艺胜于三孔机。2003 年，公司发现随着产品使用年限的增加，当使用时间较长、加热棒过热时，该款机器存在保温层泡沫可能被引燃的隐患。为此，公司决定追溯销售记录，为所有用户上门更换产品。这种对客户负责的态度、对商业道德标准的坚持使得史密斯公司的口碑越来越好，销售越来越好，利润和发展也越来越好。因此，面对中国市场的激烈竞争，必须跳离低质低价这一“血腥的红海”，打破对“红海”的依赖，以获得比生存目标更高的利润空间，只有这样企业才能走得更远。

为了将高品质战略落到实处，史密斯公司坚持并不断推动符合公司价值观和能够支撑公司长期战略发展的各种有益实践。比如，为了保证产品的高品质和在市场上的领先地位，史密斯公司坚持大力投入研发；为了准确把握用户需求，公司坚持进行持续深入的市场调研；为了保证产品的可靠性和稳定性，坚持严谨的产品开发和实验过程……这些管理实践，可能并不具有理论上的先进性，但是史密斯公司以其始终如一的坚持，证实了它对品质的重视和对完美不懈追求的决心，成功地在中国市场的“红海”大潮中开创了一片“蓝天碧海”。

2010 年，史密斯公司再次超额完成了美国总部设定的销售目标，年销售额超过 3 亿美元，获得了近 30% 的增长。由于欧美热水器市场持续三年的疲软，中国市场成为支撑公司总部增长的主要支柱，为投资者交上了一份完美的答卷。同时，史密斯公司也用品质保证逐渐在热水器市场上树立起口碑，成为消费者信赖甚至竞争对手赞誉的专业热水器品牌。

二、品质追求

对品质的重视已经是众多企业的共识。我们可以在许多企业的网站上看到它们这样定义其目标和战略:“成为国际领先品牌和行业领先者,提升品牌竞争力;提高自主创新能力,提高产品品质”,等等。为了提高质量管理水平,许多企业不惜成本地引进全面质量管理和六西格玛方法,建立质量管理体系,招纳质量管理人才。它们为此付出了巨大的努力,但是为什么不少企业却没有取得预期的成效呢?

关心品质的有识之士们总结出了各种阻碍品质提升的原因,这些也正是我们在实践中常常会看到的:只在口头上强调品质的重要性,口号非常响亮,却没有改进品质的实际行动;认为质量管理只是某些部门某些员工的事情;平时不关注质量问题,却在遇到投诉或重大事故时相互推诿责任;将质量管理作为一项“考试”或者“活动”,认为通过认证或者检查就万事大吉了,没有建立起日常质量管理规章制度,或者即使有相应的制度,却不能实行;员工仅仅满足于完成上级指定的任务,却不会在日常的工作中主动寻找质量问题以及踏实执行质量改进方案,等等。

品质意识贯穿于一个企业从领导层到每一个员工对品质和品质工作的认识和理解。它首先源于公司领导对品质的重视。史密斯公司美国总部创始至今已经有135年的历史,史密斯家族及公司经营者们对卓越品质的追求和对为客户服务的“更好的方式”的笃信,早已融入公司的血脉中。史密斯公司总裁丁威先生也继承了这一特质。正是由于他的不懈推动,史密斯公司的高品质“蓝海战略”得以成功推行。公司高层对品质的重视程度，会影响整个企业对品质的认知，影响员工推动品质提升的积极性，最终影响产品或服务的质量。

一位在日资企业从事质量管理十多年的员工这样陈述自己加入史密斯公司的原因："我选择加入史密斯公司，一方面，是因为看到热水器行业在中国市场巨大的发展前景，并且史密斯公司明确的高端定位符合市场需求；另一方面，源于史密斯公司出色的质量管理水平。"该员工是这样描述史密斯公司的质量管理工作的："公司从研发就开始考虑质量，研发与生产不脱节，生产环节控制力度大，品质改进项目也在不断进行。公司每月都会召开质量会议，参会人员由设计、质量、生产、技术等部门的人员组成，汇报上阶段所遇到的重大质量问题，然后由各部门共同探讨，寻求改进方案并跟踪落实。这种质量会议，总经理除非在国外，否则一定会出席。高层对质量重视到这种程度，是我在其他公司从来没有看到过的。老板重视品质，并将这样的信号传递给其他员工，质量工作才好落实。"

史密斯公司认为，品质体现着一家企业的精神和责任。品质提升需要鼓励每一位员工在日常工作中发现问题并寻求解决问题的方法。但是，我们如何能让企业中的每一个人都愿意关注本企业的质量目标，贡献自己的才能，参与到产品质量改进、服务质量改善、客户满意提升、公司长期竞争力增强的过程中来呢？美国质量管理专家菲利普·B.克罗斯比（Philip B. Crosby）说得好："质量是政策和文化的结果，而不是程序与工具的产物。想要永久地免除质量困扰，就必须改变公司的文化，从根本上消除造成产品和服务不符合要求的原因。造就完美的质量是日常管理工作的一部分，而不是由某些特别团队来假定要完成或可能完成的东西。"

案例5-2

史密斯公司的质量审核活动

随着市场经济的发展，市场竞争和动态性的加剧，消费者对品质要求的不断提高，企业质量管理也经历了从事后检验到生产过程控制，再到自设计阶段就强调全过程质量管理等不同的发展阶段。不过，作为事后控制的有效工具，质量审核仍然必不可少，并且在一定程度上反映出一个公司的质量管理水平。

目前，史密斯公司每年组织一次全面质量内审活动。该审核必须由通过质量体系内审员培训的内审员负责，需严格按照《内部审核控制程序》的要求，由质保部编制内审通知单发布各被审核部门。内审员根据被审核部门所涉文件要求分别编制检查表，在一周之内通过面谈、现场观察、质量体系文件抽查及质量体系运行产生的质量记录等方式，对质量体系覆盖的所有部门进行审核，保证审核的公开、公正。内审结束后，针对每个不合格问题，内审员出具《内部审核不合格报告表》，要求责任部门在一周之内回复原因分析、纠正措施及纠错完成时间，之后，由内审员对改善情况进行跟踪审核。同时，质保部对所发现的所有问题进行不符合项统计分析，找出需重点改善的不符合条款及对问题较多的部门进行改善，由审核组组长编制《内部质量管理体系审核报告》，由管理者代表审批后发放至质量体系覆盖的所有部门。2010 年，公司开始推行内部滚动审核，主要由车间经理组成审核小组，每季度对生产体系进行一次内部审核，以保证质量工作持续不懈地进行。

此外，公司每年平均接受20余次的外部审核，均未发现过主要不合格现象。

在史密斯公司，质量管理工作是基于客户需求而进行的，也是基于公司文化而进行的，是一项长期的、日常的工作。史密斯公司质量保证部经理这样说道："我们的目标不是建立一套流程或者是通过某项检验，我们是市场导向的，我们追求高品质。要保证高品质，我们需要知道客户的需求，了解顾客的最终需求，不断进行产品、制度和员工行为改进，从而一步步形成和完善质量管理体系。"一次，质保部经理严厉地批评了她的下属，因为他们在面临一次外部质量检查时，紧张地通知相关部门："要检查了，快做好准备！"在这名经理看来，这是对质量管理工作的一种误解。质量管理的目标不是通过检查，而是完善制度、提高效率；质量管理不应该是突击性的工作，而是要通过日常的活动而逐渐完善。除了内审、共同审核外，质量控制部的巡检机制、制造工程部的工艺巡查机制、车间的自检活动等均保证了质量体系的有效运转。

为了让更多的员工参与到品质管理过程中来，史密斯公司一方面通过建立健全质量体系，让制度为质量提供保障；另一方面通过不断培训提高员工品质意识和工作技能，并通过方法优化来提高工作效率、降低操作复杂性，增加员工参与度。史密斯公司提倡根据实际需要，应用适用的工具。在车间，公司使用红黄绿跟踪牌监控质量状态。这是一种简单实用的工具，工人自己就可以随时跟踪质量状态，而不需要通过专人的分析再进行纠正。这不但提高了跟踪的及时性,也有助于培养工人的质量意识,因为他们自己很容易参与其中。公司还使用目标管理将公司质量目标与个人绩效目标结合起来,提高员工质量提升的自主性。在史密斯公司,相关部门需要根据上年的质量问题及公司的发展目标,设置本年度质量指标,如生产部报修率、焊接一次完成率、制造工程部成品退货率等,这些目标的完成情况将会成为部门和个人年终绩效考核的重要组成部分。

品质意识的加强和多样的质量管理活动不仅为史密斯公司的高品质产品提供了保障,也增加了史密斯公司员工对企业的认同感和自豪感。他们从不同的方面亲身参与公司产品和服务的品质塑造工作,对公司产品拥有强烈的责任感和自信心。总裁丁威开玩笑地说:“我们的产品标准是,做可以推荐给准丈母娘使用的热水器。”在史密斯公司,每一位员工都可以自豪地对亲朋好友甚至竞争品牌的公司员工推荐说:“要买热水器吗?当然选‘A. O. Smith’啊!”

第二节 “质”始“质”终

史密斯公司认为,产品承载着一家企业的精神和责任,公司应承诺为消费者提供优质、耐久、可靠的产品。当被问到史密斯公司的产品如此成功的原因时,一位产品经理这样说道:“这是因为,在新产品开发中,我们做好了两点:第一,从市场收集信息,保证产品创意来源于市场,来源于消费者的真实需求,而非单纯地拍脑袋;第二,新产品开发过程严谨,用严谨的流程和实验保证产品的可靠性,并且保证产品开发围绕消费者需求进行。”此外,作为耐用消费品的生产厂家,史密斯公司认识到公司提供的安装、维修等服务也会在很大程度上影响消费者对产品及公司本身的感观。同时,在服务过程中,与消费者接触获得的各种信息,为史密斯公司“质始质终”实践提供了有效的反馈。

一、需求导向

品质应该是顾客导向的。美国质量管理专家爱德华兹·戴明(Edwards Deming)博士这样阐述了顾客导向品质的意义:“品质是由顾客来衡量的,是要满足顾客需求、让顾客满意的。”从这个角度来说,衡量产品品质的第一要素,就是满足顾客的需求。可以说,需求调研是史密斯公司产品开发的基础,并指导着产品开发的整个过程。从消费者需求出发的产品开发观念深植于史密斯公司员工的心中。

案例5-3

挖掘真实的消费需求

史密斯公司坚持了解真正的消费者需求,而不是想当然的或者只承认公司想要的那部分答案。

去年,我们参与了史密斯公司策划的一次消费者座谈会。座谈会为期2天,共6场,被访对象每组10人。其中,4场按一定比例由A. O. Smith和主要竞争对手林内、能率、阿里斯顿的已购用户组成,另外2场则是对预购用户的调研。由调研内容而确定的目标预购人群的特点是“计划未来半年内购买，家庭月收入6000元以上，房屋具备双卫生间”。这次座谈会的一个主要目的是测试一些热水器新功能的接受度和消费者的价格预期。经过介绍，我们大概了解了这些新功能的创新之处和研发生产成本，非常认同某些功能的必要性。但是第一轮的测试结果却让我们大吃一惊，许多消费者对我们认为重要的功能只给出了很低的价格，远远达不到其生产成本。

负责这次座谈会的是史密斯公司的家用燃气产品经理，他对此说道：“这就是消费者的真实需求情况。我们不能强迫他们接受我们认为好的东西。我们要做的是想办法用更低的成本、更好的方式满足他们的需求。”这就是史密斯公司对消费者需求的观点。公司总经理并不赞同当下流行的“引导消费者需求”这一说法。他认为，企业要做的应该是深入挖掘消费者需求，要避免先入为主的主观判断。而要做到这一点，就需要从多方面了解消费者需求信息，需要公司员工的共同努力。

在史密斯公司，了解用户需求和进行市场分析是一项长期持续的工作，每天都有大大小小、不同层面、不同形式的调研在进行。公司希望通过各种途径挖掘真实的消费需求，据此提升产品品质，保持市场竞争力。公司产品在中国市场上取得的巨大成功，就是来源于对消费者需求和偏好的深入认识，来源于全面而深入的市场调研。作为一家外资企业，史密斯公司首先要面对的是中美市场上消费者需求的巨大差异，如生活习惯、住房特点、消费习惯、关注点等（参见案例5-4）。史密斯公司坚持每年进行消费者年度调研，对目标人群、品牌形象、产品满意度和销售终端进行深入调研。

案例5-4

中美热水器市场的差异

在美国，热水器是低关注度产品，人们每天都在使用，却不知道它的品牌，就像我们日常所用的电器附件、小五金等；热水器是住房的标准配备，与住房配套销售，因此主要销售渠道不是零售而是与住房开发商合作；热水器一般安装在地下室或者户外，大多是落地锅炉式，用户并不关心热水器的外观。但是在中国，热水器则是高关注度产品，销售模式和消费者对外观的要求都与美国市场大不相同。

随着人们对生活品质要求的逐渐提高，热水器逐渐成为中国家庭不可或缺的生活设施。由于住房格局的不同，而且住房面积有限，中国消费者往往更倾向于横式壁挂热水器，以更充分地利用空间。外观也是消费者非常重视的一个方面。消费者希望热水器的体积更小，外形至少是颜色要与房间的整体装修风格一致。此外，中国的消费者习惯于将电热水器安装在浴室里，因此电热水器产品要特别注意防止漏电；而燃气热水器一般装在厨房，消费者会特别在意油烟沉积的问题。另外，在材质选择、结构设计甚至按键设计上都要考虑到消费者使用的方便性。

为了确保产品创意真正源于顾客需求，并能持续、高效地提供给公司，保证公司产品在市场上的始终领先，史密斯公司开发了一套产品创意开发流程（见图 5-1），作为收集需求信息、提炼和筛选产品创意的参考及依据。此流程适用于“用户需求收集及需求转化为产品创意的全过程”。产品创意是新产品的最初形态，是企业预想提供给市场的一个可能的产品设想，并以口头或书面的描述性文字表达出来，也是企业对认识到的市场需求的最直接的反应。

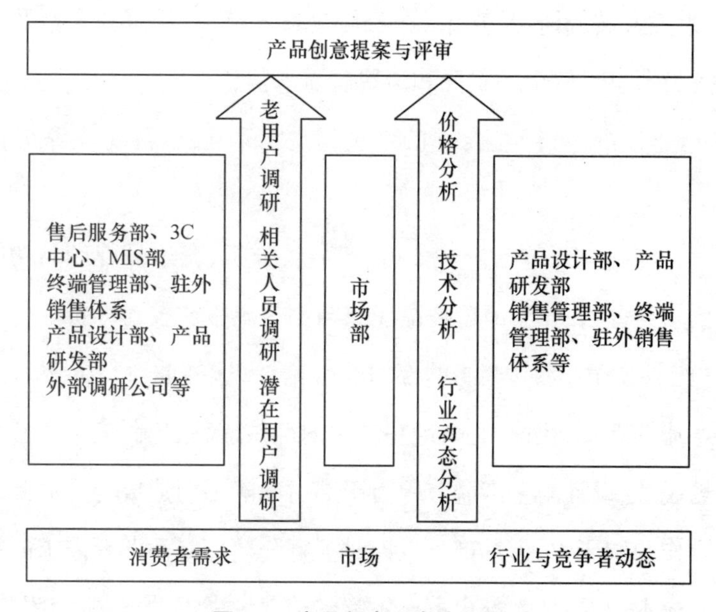

图 5-1　产品创意开发流程图

史密斯公司的一位产品经理这样说道：“所谓市场导向，要把握两方面的内容，一是消费者，一是竞争者。”企业应该与消费者直接进行沟通，以准确了解其需求，而不是想当然；同时，企业也应该关注行业与竞争者动态，以获得市场最新趋势；从市场数据分析消费者的整体需求，以获得更有针对性的产品创意,并进行更明确的产品定位。为了获取消费者需求信息和行业竞争者动态并以此作为新产品创意的来源,"产品创意开发流程"明确了主要的调研对象和方式,也基本涵盖了史密斯公司在产品开发、跟踪和改进改善过程中经常采用的调研方法:

➢ 消费者调研:老用户调研,包括入户访谈、商场走访和售后体系信息反馈;潜在用户调研等。

➢ 相关人员调研:从直销员、公司业务人员、售后服务人员及代理商等相关人员那里了解市场状况和消费者需求信息。

➢ 行业分析:对行业内部的新情况,如新国标、新规范等进行通报分析。

➢ 竞争者分析:包括价格分析、产品线分析、竞争品牌产品功能与技术参数比较与分析、竞争品牌产品卖点与销售政策比较与分析等。

在史密斯公司,参与调研的部门非常广泛,这样能够最大限度地保证需求信息能够真实、快速、有效地在公司内部传递,避免制造企业常见的技术与市场脱节、设计与生产脱节等由于部门间隔阂而造成的产品问题。在跨部门合作的调研中,市场部可以即时了解公司应对消费者需求的技术解决方案及成本情况;技术部也可以了解到消费者需求动态,避免闭门造车,并以需求为导向更好地聚集研发资源。调研中各部门的职责大致如下:

➢ 市场部:策划并执行用户调研和相关人员调研,提交调研报告;进行价格分析、产品线分析、竞争品牌产品卖点与销售政策比较与分析,并提交分析报告,等等。

➢ 技术部:参与市场部组织的市场调研;进行竞争品牌产品功能与技

术参数比较与分析，并提交报告；进行行业动态分析，并提交报告，等等。

➢ 销售及售后体系：参与市场调研，为入户访谈提供用户信息，参与或协助相关人员座谈会，等等。

多种调研方法结合使用，多条途径的信息对比验证，多个部门参与沟通，可以保证企业更全面地把握消费者和市场信息。比如，与直销员进行沟通交流是了解市场信息的一个有效途径。他们处于公司的前线，能直接接触顾客，对顾客的需求和抱怨有最直观的感受；同时，也可以直接观察到竞争对手的情况，了解顾客对竞争对手产品的评价，甚至对整个市场都有一定的敏感度。史密斯公司经常通过卖场走访、直销员座谈会等形式从直销员那里了解自身和竞争品牌的动态，如热销产品的特点、消费者的抱怨或夸赞、销售手段及终端展示建议，等等。因此，在终端销售员层次上了解顾客需求信息，是史密斯公司市场调研的一个重要方面。2009 年的燃气快速新品销售冠军(参见案例 5-5)——史密斯公司出品的 JSQ-C1 热水器的研发最初就是源于直销员的建议。但史密斯公司产品经理告诉我们，很多热水器生产厂家的市场调研仅仅是从直销员那里获取信息，这是远远不够的。因为直销员对市场的认识虽然是直观的，但不一定准确。他们可能很希望有一款新产品与现有的竞争品牌产品抗衡，却往往缺乏对公司发展战略和产品线的整体考虑。

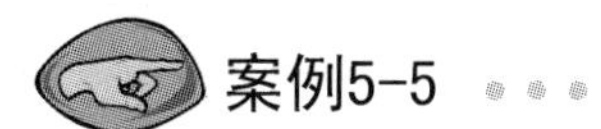
案例5-5

2009 年的燃气快速新品销售冠军 JSQ-C1

JSQ-C1 是 2009 年度的燃气快速热水器新品销售冠军，于当年 4 月上市。它是一款智能恒温型燃气快速热水器,有两个型号:8L(JSQ16-C1)和10L(JSQ20-C1),定价在2 600—2 800元左右。JSQ-C1是JSQ-B2的改进型产品,相较于史密斯公司明星产品JSQ-E定位稍低,在产品线中属中高端产品。JSQ-C1的研发正是源于卖场走访和座谈会中直销员的反馈。随后进行的市场分析则明确了这个档位产品的巨大市场空白。根据中怡康发布的市场数据,在上市两个月的时间里,JSQ20-C1在2009年上半年的燃气快速TOP150(中国热水器零售市场销售额前150名)数据中,排在第11位;下半年则超越了史密斯公司的燃气快速明星产品JSQ-E,总排名第3位。表5-1来源于史密斯公司市场部依据中怡康提供的2009年下半年销售额TOP150数据所做的产品线分析。我们可以看到,在燃气快速10L恒温产品中,JSQ20-C1占据着有利的市场地位,在相同档次的产品中几乎没有竞争对手,市场占有率高达3.54%。

表5-1 2009年12月燃气快速市场10L恒温产品分价格段分析

<table>
<tr><th>价格段(元)</th><th colspan="3">恒温1</th><th>恒温2</th></tr>
<tr><td rowspan="3">2 800—3 000</td><td>WJL</td><td rowspan="4" colspan="2"></td><td rowspan="4"></td></tr>
<tr><td>JSQ20-10D3</td></tr>
<tr><td>2956</td></tr>
<tr><td>0.28%</td><td>0.28%</td></tr>
<tr><td rowspan="3">2 600—2800</td><td rowspan="4"></td><td>ALSD</td><td>YH</td><td>A. O. Smith</td></tr>
<tr><td>JSQ-Fi7S</td><td>SCH-10E75</td><td>JSQ20-C1</td></tr>
<tr><td>2 719</td><td>2 630</td><td>2 741</td></tr>
<tr><td>4.14%</td><td>0.25%</td><td>0.35%</td><td>3.54%</td></tr>
<tr><td rowspan="3">2 400—2 600</td><td rowspan="4" colspan="2"></td><td>YH</td><td rowspan="4"></td></tr>
<tr><td>SCH-10E72</td></tr>
<tr><td>2 429</td></tr>
<tr><td>0.43%</td><td>0.43%</td></tr>
</table>

（续表）

价格段(元)	恒温1			恒温2
2 200—2 400	ALSD	WJL	WJL	HE
	JSQ-Ei7 +	JSQ20-1023	JSQ20-10D2	JSQ20-TFL(R)B
	2 293	2 286	2 201	2 273
3.13%	1.09%	0.82%	0.22%	1.00%

史密斯公司的销售人员在评价JSQ-C1时这样说道:“C1具有天生的生命力。”所谓的“生命力”,就是真正找到了目标客户群,满足了他们的需求;而且这个目标客户群又比较大,能够支持其成为畅销产品。在这种情况下,配合上市前的充分预测和销售队伍培训,JSQ-C1的畅销水到渠成。相反,有些产品在推广时需要拼命做促销,但是促销活动一旦停止,销量就马上下降。充分全面的市场调研有助于企业发现良好的市场契机,进行准确定位,开发出更有针对性的产品。

此外,史密斯公司产品开发的每一个步骤都坚持以调研为基础。比如,史密斯公司的新产品外观方案的确定,需要至少40个外部人员进行评选,并向高层和产品项目组通报评选结果。又如,将消费者需求信息和市场动态进行总结并提炼出新产品创意以后,公司会对这些创意定期进行评审。参与评审的创意必须进行详尽的概念阐述和来源解释,确保此创意是由用户需求提炼并转化而来的;除此之外还必须进行初步的可行性分析,包括技术可行性和成本预估。

不过,对史密斯公司的很多员工来讲,他们并不是将市场调研看做是一项任务,而是非常乐意参与到这个过程中来。有一次,燃气产品经理利用一批直销员在总部培训的机会，请他们对一项新产品的外观进行评选。结果，他们不单选出自己喜欢的方案，而且直言不讳地指出某些方案的不足或者要注意的地方。比如，他们指出，控制面板中所有图标横向排列的方案，在实物上图标会偏小，不易分辨。这些直销员的热情和坦率给我们留下了深刻的印象，他们非常乐意分享自己在与消费者的直接接触中所获取的各种信息。不仅是直销员，许多史密斯公司的员工都表现出了他们对消费者和市场信息的极大关注。

二、过程保障

产品开发过程，是指在企业战略的指导下，将新产品创意通过一系列开发、预测和控制程序转化为最终的产品及服务的一系列流程，即在新产品创意成功地转化为上市产品的过程中，企业必须展开的全部活动。严谨的产品开发过程，本身就是产品项目成功实施的保证。我们在前面讲述了史密斯公司为了了解消费者和市场需求所做的努力，而将需求信息从最初的产品设想，一步步转化为到达消费者手中的最终产品，还需要很多步骤。

产品开发要符合企业战略。开发何种产品、何时开发的决策需要在战略的指导下进行。史密斯公司定位于高端市场，追求成为家用和商用热水行业公认的领先产品及技术供应商，定位于高端市场。公司通过每年制定产品线规划并进行定期回顾来保证这一定位（参见案例5-6）。产品线规划能够以一种直观、清晰的表现形式，将公司在未来较长一段时期内的整体规划展示出来，使公司可以更好地把握现有市场机会与长远发展战略之间的平衡，并做出更合理的资源配置。

案例5-6

史密斯公司的产品线规划

图5-2是史密斯公司一个产品事业部三年产品规划的示意图。图中显示了目前的重点产品、正在开发中的产品、未来计划开发的产品,以及正在研究中的新技术。史密斯公司寻求成为行业的领先者,并追求营利性发展,要达到这一目标,企业需要平衡技术领先、利润率和市场份额等各方面的因素。以我们前面讲过的JSQ-C1为例,根据中怡康发布的市场数据,JSQ-C1在2009年成为家用燃气快速热水器新品冠军。JSQ-C1在史密斯公司家用燃气产品线中属中高端产品,它的设计非常简洁:“单宽频恒温、手动水量调节、大LED、装有CO安全防护、可装线控。”JSQ-C1的傲人业绩展示了公司把握市场机会和应对市场需求的能力,但是与JSQ-E相比,一方面,JSQ-C1的产品毛利率比JSQ-E平均低8个百分点;另一方面,目前很多消费者对史密斯公司的认识还只是停留在“电热水器做得好”的阶段。因此,对公司来说,要在燃气热水器市场上建立更好的品牌形象,必须要在高端产品上做出更多努力。通过产品线规划,可以提醒公司更好地把握现有市场机会和长远发展战略之间的平衡。

同时,三年产品规划示意图中显示了史密斯公司未来三年产品路线的主要目标(在浅灰色框中表示),如果该目标是“节能、安全、绿色”,那么目前和未来三年公司的产品及技术创新就要向这个方向努力。寻找更节约、更安全、更环保的热水解决方案是史密斯公司一贯的努力方向,2009年上市的太阳能热水器和2010年上市的热泵热水器就是其中的杰出代表。为

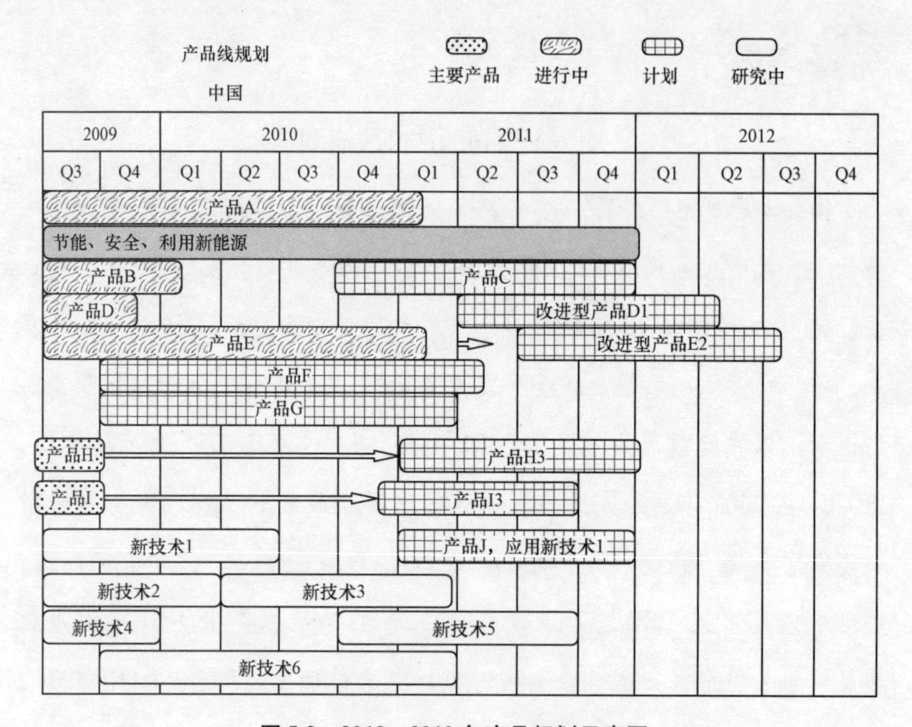

图 5-2　2010—2012 年产品规划示意图

了凸显公司的"绿色"形象，史密斯公司正尝试用新的代表环保的绿色品牌标志代替原有的蓝色标志。公司战略和长期发展目标也是新产品开发具体过程中各个阶段的决策指导和衡量标准。

为了使资源得到最大效能的利用，史密斯公司依据从用户实际需求出发的原则，综合考虑技术适用性和经济可行性，对收集和提炼的产品创意进行筛选，并将筛选出的产品创意提报至每月产品会进行讨论，确认该创意是否需要进行下一步分析。对成本不能确定或者关键指标实现尚有疑问但可能具有巨大市场潜力的产品创意,公司会根据需要进行预研,然后由产品经理向高层提交立项申请。在决定新产品是否予以立项时,公司有三个主要的衡量标准:

➢ 技术领先:是否与公司长期产品战略匹配,是否有利于保持或发展公司的行业领导者地位;

➢ 市场前景:目标客户群是否足以支撑产品销量,进行销量预测;

➢ 利润率:成本费用和价格预期,估算新产品是否能为公司创造足够的利润。

这些立项标准再一次强调了史密斯公司的高端战略定位并确保了其市场导向。若立项通过,开始正式进入产品开发过程(见图5-3)的第一阶段:设计策划与立项阶段。在这一阶段,概念产品形成,包括产品外形设计、使用场所说明、主要功能设定和技术参数目标等均已明确。随后,是产品设计阶段,包括工业设计、产品硬件设计与组装,以及软件参数设置与功能对比等任务的开展。在产品结构和功能初步确定以后,就进入了实体产品开发与实验阶段,产品最终形态基本形成,需进行的实验包括关键零部件可靠性实验、整机可靠性和寿命实验,以及各种极限条件下的产品可靠性实验等。之后,是试生产和现场实验阶段,进行小批量零件采购、首件检验、工艺和质检文件编制和小批量生产,并进行现场实验,直至新产品最终通过放行评审,并开始上市计划制订。

在史密斯公司,每个阶段任务完成都要通过公司高层和项目组的共同评审,根据项目进展进一步明确新产品可行性、成本与利润估算以及市场接受度。如果不能通过评审,会视情况将项目搁置或者完全放弃。不过,

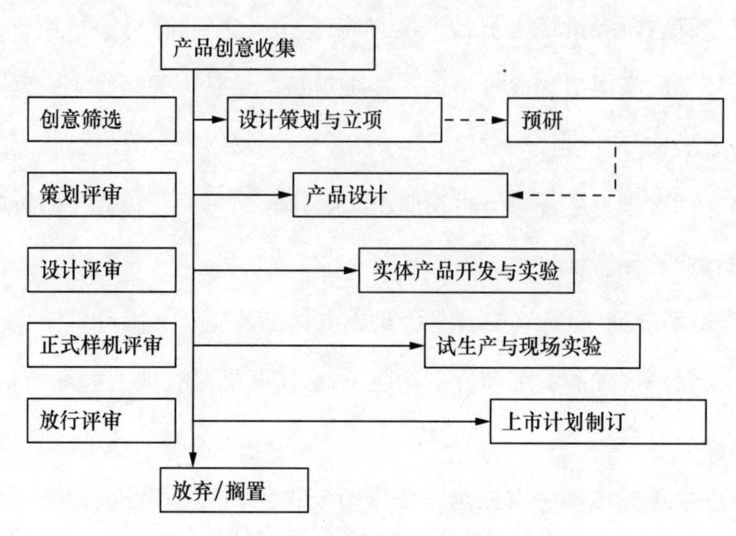

图 5-3　产品开发流程图

这一流程并不需要遵守严格的时间顺序,即并非每一阶段的所有活动都要在通过前一阶段的评审后才能进行。在产品开发进度管理中,史密斯公司使用从计划上市时间倒推单项任务完成时间的做法。为了加快产品上市速度,保证上市时机,史密斯公司的产品开发流程中常常存在多项并行任务。头脑风暴和项目组会议是跟踪项目进度的主要手段,参会人员可能包括 SBU(Strategic Business Unit)研发工程师、市场部员工、研发中心工程师、制造工程师、售后服务部工程师等,共同探讨所遇到的问题。这些跨部门间的会议增加了产品开发过程的并行色彩,并使得整个产品开发过程能够真正围绕消费者需求进行。

一丝不苟的多项多次试验是史密斯公司产品开发过程的另一个特点,也是保证公司产品可靠性的关键所在。在史密斯公司,每项新产品上市都要经过相应的关键零部件可靠性检验、整机实验室检验和现场试验,如果不能通过检验,哪怕推后进度也不能仓促上市。比如,作为一家制造企业,虽然不可避免地面临着原材料成本上升的困境,但史密斯公司对关键零部件的质量把关却毫不放松,公司会对关键零部件进行可靠性实验。如果关键部件实验检测不达标,并且由于时间或成本的限制不能进行自制,而达标零件外购会超出预算,那么即使面临着巨大的成本压力,公司也会选择使用优质零件。再比如,项目工程师往往会在自己家中装上试验机,记录使用经验并定期提供反馈改进。甚至总裁丁威家中也装了一台壁挂炉试验机,以便做到对该机器的使用情况和优缺点心中有数。又比如,作为家用电器,使用环境的不同也会对其安全性、可靠性甚至使用寿命造成影响,在投放市场后才发现在实验室检验中没有发现的问题,造成用户不便和维修率增高。为了保证产品在实际使用过程中真正安全可靠,除了实验室实验和现场实验外,史密斯公司还用极限条件检验以验证机器的可靠性。此外,在面临公司未曾涉及的全新产品时,史密斯公司一方面整合公司内部资源集思广益,另一方面则学习世界范围内的先进经验,并结合目标消费群体的需求,以开发出适用的实验过程和内容,保证实验过程科学、可靠、有效。正是这种对消费者负责的态度和一丝不苟的工程师精神,对用户所关注问题的解决方案的不断积累,以及对先进经验的虚心借鉴,使得史密斯公司在开发和使用各种零部件和产品检验方面走在了行业前列,并使得公司产品在消费者、同业以及公司员工中树立起专业、可靠、优质的良好口碑。

三、服务回环

随着人们生活和消费水平的不断提高，消费者对产品的评价不再局限于产品本身，还包含了消费体验、售后服务等各种内容。在史密斯公司，广泛流传着这样一句话："我们卖的不是热水器，而是热水。"这是因为，对热水器这类的耐用消费品而言，售后的安装、调试和维修等服务更是直接关系到消费者对于产品及其生产厂家的认可度和满意度。因此，史密斯公司将提供全方位、高质量的服务作为重要的一环纳入品质管理。同时，通过服务中与消费者的直接接触，公司获得的消费者使用信息以及对产品和服务品质改进的切实建议等，又反过来成为公司产品品质进一步改进的现实依据。为此，史密斯公司不断完善产品服务流程，致力于提高服务品质，并坚持持续、广泛地进行售后信息收集、积累与利用，将服务作为"质始质终"品质管理的有效反馈回环。

2003 年，史密斯公司成立了行业内首家客户关怀中心，提供热线服务，统筹安排安装与维修任务。为了给全国范围内的消费者提供更优质的服务，客户服务部联合客户关怀中心和驻外服务中心共同制定了"上门服务标准化流程"。公司将上门服务分为上门前准备、进门、安装准备、机器安装、安装后续等五个环节，每个环节分为若干步骤，而每个步骤都制定了详细的操作流程。以上门前准备环节为例，该环节流程图如图 5-4 所示。

以其中的"电话联系"步骤为例，史密斯公司要求服务人员上门前主动和顾客联系，核对顾客信息，确定具体的上门时间；了解产品安装的环境、赠品选择以及其他特殊要求；提示顾客将发票、提货联带到安装现场

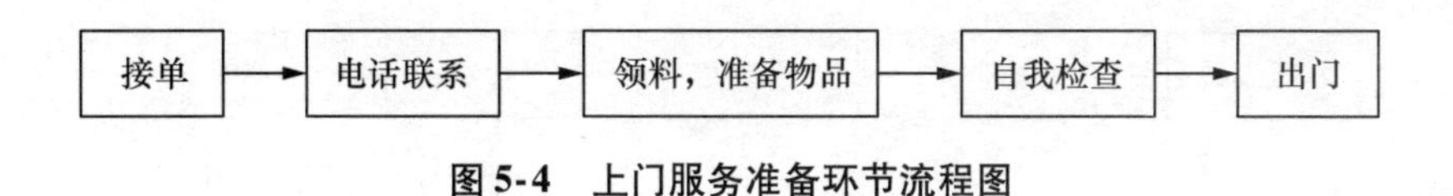

图 5-4 上门服务准备环节流程图

等。为了避免常见的消费者与施工队因为材料收费而造成的争执,电话联系还要求服务人员告知消费者,可以使用安装人员所带的安装材料,也可以自行购买。公司以一贯的严谨态度不断积累与整理在服务中所获得的各项经验,总结出电话联系常用询问指导语,为服务人员的询问及维修准备提供指导。

机器安装环节的步骤则更为详尽(见图 5-5)。比如,史密斯公司将"挂板安装"分为"测量画线"、"打孔"和"挂钩固定"三个子步骤,又对每个子步骤进行了详细的说明。以"打孔"这一子步骤为例,为了防止钻头打滑造成消费者房屋墙壁损伤、服务人员受伤或效率低下,公司要求首先在打孔位置上帖一小块胶带或胶布,再进行打孔;对不同类型的产品,根据需要按照不同要求与方法打孔,比如电壁挂热水器先使用 4—6 毫米钻头打一个小孔,再使用 10 毫米钻头至少打 90 毫米深的孔,注意孔由上向下略倾斜 5 度,燃气快速机则应按照说明书要求直接打孔;打孔结束后,应当先松开冲击钻按钮,在钻头低速空转的情况下,向外抽动钻头 3—5 个来回,将孔内的灰尘带出,并将墙面上的灰尘擦干净,然后把防尘袋摘下,贴在热水器安装位置的下方,便于接收其他废弃物;打孔还应注意尽量避开钢筋,如碰到钢筋,则需重新打孔。这些详尽的甚至显得啰嗦的步骤和说明,以及每一个细节都在向公司服务人员和消费者传达公司对服务品质的重视、对消费者的重视。

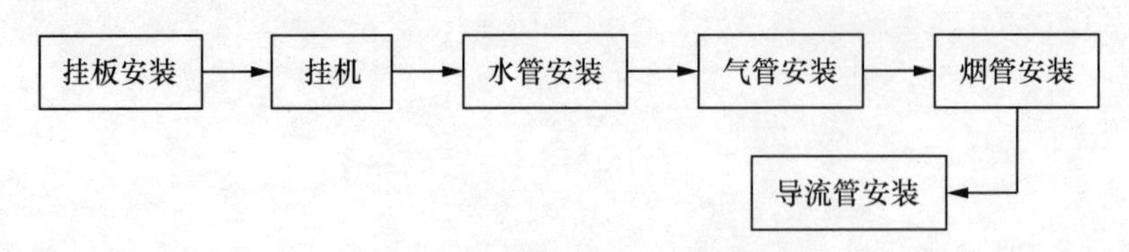

图 5-5　机器安装环节流程图

然而,不管初衷多么美好,流程描述多么详尽,若不能有效执行,也只能成为一纸空文,令人叹息而已。为了保证每个上门服务的史密斯公司的员工都能够严格遵守上述流程中的要求,史密斯公司使用多重途径了解服务情况,获得消费者的反馈信息。公司常用的途径包括电话回访、网络问卷、入户调研、影子客户等。公司用"非常满意度",而非常见的"满意度"作为服务质量的一个主要衡量指标。公司希望达到的服务标准是"超出预期"、"意想不到"、"好到向他人推荐",因此,只有当用户在反馈中使用了"很满意"、"非常满意"、"没想到"此类的字眼时,此次服务才能达到公司的"非常满意"的标准。"神秘客户检查活动"就是公司为了发现服务暗点,有针对性地改进服务品质、提高非常满意度而引进的方法。在史密斯公司,"神秘客户"一般为公司其他部门的员工,他会在史密斯公司的服务人员上门之前到达用户家中,说明来意并请求用户同意。如果获得允许,"神秘客户"就会以用户亲戚的身份,在服务人员作业时,观察服务人员的行为。事后,"神秘客户"会把观察的结果反馈给公司有关部门,作为服务改进的依据。

服务不仅直接影响着消费者对公司的感观,公司也可以从服务中获取大量顾客基本信息、需求信息、对产品及服务的改进改善意见等。售后体系会将投诉信息和维修信息反馈给产品项目组、生产部门、技术部门等相关部门,以通过产品改进、工艺改进或纠错、技术改进等从根本上解决相关问题。

案例5-7

一个 CAR 表整改案例

2010 年 4 月 1 日,公司总部接到驻沈阳服务中心的一份 CAR 表(Corrective/Preventive Action Request Form,纠正和预防措施要求表),反馈显示沈阳市场发现多台产自当年 2 月的一款电壁挂外观异常,在外壳部分区域出现连续颗粒甚至气泡,疑似遭到腐蚀。经过对沈阳地区在库的同型号机器的拆包检验,发现了同样的问题,由此判定该异常可能是批量性问题。在接到 CAR 表后,公司总部在第一时间暂缓该型号机器的生产。生产车间、制造工程部和质控部组成改进小组对生产过程展开了审查分析,将可能的异常成因从原材料、工序到化学品分别罗列,责任到人逐一分配确认。为了获得现场的第一手信息,改进组成员连夜从南京赶往沈阳,通过勘查排除了仓储环境污染的可能,并对气泡腐蚀部位塑件的位置、外部、内部及泡体特征做了详细的分析比对,将问题部位做成切片样品寄回总部。与此同时,售后服务部、销售部和供应链部对这一时间段内存在质量问题的出厂产品进行了逐批跟踪,确定批次数量及发往地,抽检机器情况,对有问题的批次进行召回。

在总部,改进小组经过对比及再现实验,逐一排查问题的可能成因,终于找到了造成外壳气泡的物质——141b。该物质是电热水器主要工艺流程——发泡的重要催化剂。技术人员通过验证再现了外观质量问题的成因:产品生产当日,由于发泡枪漏油(前期的生产过程排查发现了当日漏油记录),油进入发泡料中,影响到发泡的正常反应。本应为闭孔状态的泡孔变为开口状态,对机器外壳有溶解作用的发泡剂141b溢出并聚集,聚集量少的地方导致外壳内表面发生溶解,而聚集量多的地方则导致外表面溶解、变形和起泡。公司从而制定了全面的整改方案:将检查闭孔率作为一项常规检测进行;改进发泡设备,对发泡枪活塞杆进行半年一次的测试,发现磨损及时更换;将直形发泡枪改为L形,降低液压油进入发泡原料系统的风险。4月13日,生产线恢复了该型号产品的正常生产,此时距CAR表反馈不到两周。为了保证正常生产,避免市场风险,维护史密斯的品牌声誉,参与分析改进的总部各部门和积极配合处理的驻外服务及销售人员为此都付出了巨大的努力。

除了常规信息反馈,史密斯公司使用CAR表作为反映质量和流程问题的重要方式。CAR表是一种常用的质量管理工具,史密斯公司将其运用在不限于生产部门的广泛领域,作为“解决问题的绿色通道”。任何员工,如果你发现了任何质量或者流程问题,却不知道如何解决;或者不清楚责任归属于什么部门,可以向谁反馈;或者问题进行了常规反馈后,长期没有得到解决,你就可以通过提交一份CAR表这一“绿色通道”进行反馈。为了方便CAR表的提交,公司提供多种方便快捷的提交方式:直接提交、电话提交或网上提交。除了覆盖面广、应用参与便捷、范围广泛外,史密斯公司 CAR 表的另外一个特色在于其跟踪实施的强度大，因此改进执行的效率高、效果好，充分发挥了“绿色通道”应有的作用。公司总经理对每一份 CAR 表都会亲自过目。质保部在接到 CAR 表后，会根据所反馈的问题将责任分配给相关部门，限期解决，并自动生成电子文档予以保存。如不能完成，该 CAR 表会一直作为未完成项落在某责任部门和责任人名下，影响其作为绩效考核指标的 CAR 表的反应速度和完成率。

作为接收并跟踪处理公司总部及驻外机构反馈 CAR 表的部门，质保部 2008 年共计收到 CAR 表 256 份，完成率 84%；2009 年共计收到 355 份，完成率 88%；2010 年收到 471 份，完成率 88%。如此，史密斯公司以其对产品和服务品质的重视，对消费者使用体验的关怀，通过累计并分析重要品质问题，并极具创造性地开发出多方位的反馈系统，聚集公司全体员工的努力，为公司“质始质终”的高品质战略实践形成了完美的回环。

第六章

大化之力
——执著创新

史密斯公司认为,只有真正将“四个满意”落到实处,真正让股东、客户、员工和社会这四个利益相关者群体满意,才能获得成功。作为一家制造型企业,公司如何才能让股东、客户、员工和社会满意呢?“盈利”是关键所在。只有拥有持续而稳定的利润,才能够让股东满意,持续为客户创造有效价值,为员工提供满意的待遇和发展空间,以及向社会提供充足的税收和就业岗位。创新不仅能够创造出满足客户需求的新产品,为公司带来新的利润增长点,而且可以降低生产运营成本,提高生产效率,确保“盈利”实现。因此,执著创新可谓是“四个满意”文化软着陆的又一具体体现。

秉持“四个满意”文化,公司将全员参与创新作为一项重要方针。不仅管理者在日常工作中身体力行,重视培育员工的创新意识;普通员工也从发现自身工作流程中的不便着手,参与创新。此外,史密斯公司的创新是一种全方位创新模式,不仅包括产品创新,还包括在企业生产经营流程中各方面所进行的改进改善,即流程创新。就产品创新而言,改进产品创新和全新产品创新兼而有之。除此之外,公司为员工参与流程创新提供了一个可操作的实际平台——CI,以此推动各种创新想法转变成现实。

第一节　坚持不断创新

在竞争环境复杂多变的今天，创新对企业生存发展的重要性已得到普遍认同。福特汽车公司创始人亨利·福特（Henry Ford）曾由衷地感慨："不创新，就灭亡。"管理大师加里·哈梅尔（Gary Hamel）在《管理大未来》一书中指出："为了保持既有的利润空间，企业必须源源不断地改变规则和创新。"作为一家制造型企业，史密斯公司历来鼓励创新，坚持创新，致力于通过创新为客户设计出更好的产品，并实施更好的工艺来制造这些产品，赢得丰厚利润，真正将"四个满意"文化落到实处。公司将"通过研究，寻找一种更好的方式"（Through research, a better way）作为口号，切实采取行动，鼓励全体员工发挥自身的创造力，参与创新。

一、固守持续创新

与创新有关的溢美之词不胜枚举，比如"创新改变未来"、"创新是企业的生命"等。然而，并非所有的创新都有利于企业成长，能够为企业带来利润。对企业而言，创新既有可能是美味的苹果，也有可能是断肠毒药。有些创新能对企业做强做大起到促进作用，有利于提高企业竞争力，为公司带来不菲的价值，比如解决了某款畅销产品设计上的难题，或是开辟了极具吸引力的新分销渠道等；而有些创新效果则截然相反，比如企业耗费了大量的人力、物力、财力在某产品的开发上，但该产品却不能满足市场的需求。事实上,创新不应当偏离企业文化。企业应当用文化的力量来约束和引导组织中五花八门的创新,这样才能充分发挥创新的效能,提升组织及成员的创新能力。

搜狐公司首席执行官张朝阳曾经说过:"一个组织要有不断创新的能力,一个组织的文化决定了这个公司能不能具有持续创新的能力。"在史密斯公司,企业文化的软着陆提升了公司创新的能力。公司认为,符合企业文化的创新行为对于公司的能力具有保护性,有益于公司的长远发展,因而是值得大力提倡的。史密斯公司文化的核心是"四个满意",公司相信"行为体现文化",故而一直致力于用"四个满意"来引导公司和员工的创新行为,追求符合"四个满意"的创新。如果一个创新项目能够满足"四个满意"的要求,那么该项目就值得推行。

伴随着科学技术的蓬勃发展,企业之间的竞争已不仅仅是商品数量和商品价格的竞争,而是成本、质量、技术和品牌的竞争。史密斯公司不断加大科技研发的投入,培养持续创新能力并始终保持技术领先,这是公司不断高速发展的法宝。今天,随着"四个满意"文化的贯彻实施,史密斯公司已凭借其先进的产品和高效的内部流程,稳居中国热水器市场销售额第一,在获得源源不断的丰厚利润的同时,成为当之无愧的行业领导者。这一切,与公司始终如一的创新理念是不可分割的。2010 年5 月至10 月,第41 届世界博览会在中国上海举行。世博会是全球范围内最高工业和科技水平的体现。史密斯公司将近 30 个型号的商用燃气及电热水器、热水炉,分别进驻了中国馆、演艺中心、未来馆、美国、加拿大、德国、法国、西班牙、沙特等 23 个场馆,彰显了史密斯公司在热水器行业的领袖地位以及世界领先的优秀产品和服务水平。对此,公司总裁丁威认为:“超前的设计、创新的理念,以及过硬的质量,使得‘A. O. Smith’热水器为世博会所青睐。”

辉煌成就的背后,是无数辛勤劳动的汗水和不懈的努力。以技术研发为主导,不断创新,一直是史密斯公司坚持的理念。公司总裁丁威说:“公司始终把创新技术和消费者的需求放在第一位。”公司多年来坚持持续创新,层出不穷的创新技术使其产品在行业中独树一帜,对创新与生俱来的热情成就了公司今天的行业领袖地位。长期以来,热水器加热棒结垢的问题一直困扰着热水器行业。在过去,使用电热水器的人们通常会有这样的体会,即一般热水器在长期使用后,其加热时间会大大延长。其原因就在于水质问题所引起的加热棒结垢,这不仅会增加用户的电费支出,同时也造成国家电力资源的浪费。同时,加热棒是通电后把电能转化为热能的核心部件,长期结垢将缩短加热棒的寿命,进而影响热水器的安全性能。为此,公司不惜花费巨资,进行大量的科学研讨和试验论证,致力于解决这一行业难题。经过三年的不懈努力,史密斯公司于2006年开发出了“金圭新配方”,再配合公司独特的工艺涂抹技术,使金圭更为牢固地附着在加热棒的表层,完成了金圭特护加热棒的研制。金圭特护加热棒具有更为优异的防腐、防结垢的性能,其抗垢性能较普通的加热棒提升了一倍多,从而彻底解决了困扰行业长达七十多年的加热棒结垢问题。

出于战略优先的考虑,史密斯公司自进入中国市场以来首先布局电热水器市场,凭借技术创新和可靠品质,获得了巨大的成功。近年来,中国天然气市场不断成熟,为公司中高端燃气热水器的发展创造了极佳的市场机会。自2008年成立家用燃气产品事业部以来,公司家用燃气热水器实现了快速增长,这同样也离不开公司对持续创新的坚持。比如,燃气用具使用安全性一直是广大用户普遍关心的问题。其中,天然气不完全燃烧产生CO气体浓度超标是常见的威胁用户安全的祸首。为此,史密斯公司研究开发了获得国家专利的CO安全防护系统,通过独立于热水器机身之外的CO监测报警装置,实时监控厨房内包括燃气快速热水器在内的所有燃气用具以及排风装置的工作效果,并检测厨房内CO气体的浓度。当厨房内CO气体浓度达到预警值和危险值时,CO监测报警装置会进行声光预警。若用户此时正在使用燃气快速热水器,那么"CO安全防护系统"会自动关闭燃气热水器的燃气供气阀,并启动以最高效率运转的高速清扫程序,将有害气体排出室外。可见,为了保证用户的绝对安全,公司在进行该项创新时可谓费尽了心思。此外,智能双宽频恒温技术有效解决了普通恒温燃气热水器存在的夏天小水流水太烫、冬天大水流水不热的问题;低压燃烧系统能克服气压波动导致的燃烧问题,高抗风压技术攻克了在外界风力较大时普通燃气热水器无法正常工作的难题。诸如此类的创新举措,使得公司的燃气产品获得了越来越多注重安全舒适的中高端消费者的青睐和认可。正是因为长期以来对创新的专注,史密斯公司才赢得了广大消费者的信赖,在激烈的市场竞争中一直保持高速增长,成为热水器行业的领袖。

二、全员参与创新

如果员工认为创新是与自己无关的事,企业就很难充分享受创新的成果。要想使创新成为企业内的一种普遍的能力,应当将创新视为企业内所有员工的职责。

通常,人们会将创新与公司 CEO 或者一小部分组织成员(如高管、研发团队等)联系在一起,似乎组织中的创新只能发生在少数英雄人物身上。其实不然,美国管理学家斯威尼(Sweeney)曾经说过:“有一件事情是十分清楚的:创新思想不是那些专门从事开发创新思想的人的专有领地。”事实上,几乎所有的公司成员不仅拥有创新的意愿,而且有能力落实创新想法。史密斯公司相信,每个员工都能够成为创新者,史密斯公司将“全员参与”作为一项重要的指导方针,积极推动全体员工参与创新。

在史密斯公司,推动全员创新是基于企业文化进行的,“四个满意”文化的软着陆带来了公司对创新的执著追求。而全员参与创新正是提升创新能力、最大化创新价值的有效途径。公司总裁丁威非常推崇一本介绍史密斯公司美国总部历史的小册子——《通过研究,寻找一种更好的方式——A. O. 史密斯公司的历史》,他称之为“紫宝书”,并将其视为推动公司企业文化建设的一个重要工具。他说:“大家没事应当多翻翻这本‘紫宝书’,很多问题都能够在里面找到答案。”在公司,“紫宝书”几乎是人手一册,甚至经常被赠阅给每位来公司参观的人员。“紫宝书”介绍了史密斯公司美国总部在那些挑战与机遇并存的年代,如何抓住机遇,直面挑战,通过不断创新实现自我跨越,最终成为世界热水器巨头。1927 年,史密斯公司美国总部迎来了与石油领域相关的一个重要机遇。当时史密斯公司美国总部的巡回亲善大使埃德·舒茨(Ed Schuetz)在无意中了解到,由于缺乏足够数量、大直径的焊接钢管,无法以经济的方式将天然气从油田输送到消费市场。他认为钢管的焊接长度是解决这一问题的关键,可以应用公司过去在焊接接头和压力容器项目中的创新技术。史密斯公司美国总部遵循注重成本节约的创新途径,成功地研制出了4英里长的均一焊接钢管,从而获得了美国天然气输送业绝大部分的钢管订单。这种创新途径可分为三个步骤:首先是绘制草图并进行成本分析;接着送交“试管”中心的实验室进行分析,并进行产品试制;最后由工程师根据实际制造条件来确定该产品的制造能否带来规模效益。通过这一创新途径,史密斯公司美国总部在以后的岁月里更是成功地开拓了多种类型的市场。通过“紫宝书”中各种生动丰富的小故事,史密斯公司的员工能够清晰地了解到创新所创造的非凡价值,以及公司对员工行为的期望——“通过研究,寻找一种更好的方式”。

管理者对员工行为有着很强的导向作用。在推动全员参与创新的实践过程中,管理者扮演着非常重要的角色。只有管理者重视创新,鼓励创新,全体员工才会有参与创新的积极性。在史密斯公司,各级管理者在日常工作中处处表现出对员工创新的重视。和大多数外企一样,史密斯公司在招聘人才时,员工也需要经历一场面对高层管理者的面试。在这场面试中,高层领导者最喜欢问的问题就是关于创新的:你喜欢创新吗?在你以往的经历中,有没有通过创新解决问题的经验?你具体是如何做的?无论是普通的工程师还是管理培训生,每个人都会经历一场个人创新潜力的挖掘测试。史密斯公司的领导或直接或间接地分析每个候选人的创新意识。创新还是史密斯公司的高潜力人才队伍建设的一个重要维度。TRIP(Teamwork,Result-driven,Innovation,Professionalism)是公司自主开发的员工能力模型,用于衡量公司整体及管理者的能力水平,以进行有针对性的能力提升指导和培训,为公司的长期持续发展建设高潜力、高水平的人才队伍。T、R、I、P分别对应着公司能力的四个维度，其中“I”即表示“创新能力”，各级管理者不仅需要对其下属的创新能力进行评估并打分，同时还承担着提升下属创新能力的责任。

在史密斯公司，管理者不仅仅是创新的推动者，即在日常工作中鼓励并支持员工的创新活动，他们还有另外一个重要角色，即创新的参与者。管理者对创新项目的身体力行，能够起到先锋模范作用，从而有效带动员工参与创新的积极性。在公司专利表彰大会的获奖专利列表中，我们可以发现诸多领导的名字，比如总裁丁威参与了“电热水器搪瓷涂层加热管及其制造方法”、“准量加热电热水器及准量加热控制方法”、“混合能源恒温控制热水器”等6项专利的发明。公司家用燃气事业部总经理也是“具有有害气体监测报警功能的燃气热水器及监测报警方法”、“一种带地线的电流/电压监测的三级断开漏电保护装置”、“具有分层隔热室的节能安全电热水器”等16项专利的发明者之一。生产总监则作为项目提出人参与了“钢材降费”、“BTR内胆焊接、搪瓷返工”和“M形挂架自制”三个创新项目。

史密斯公司的创新是全员创新，需要全体员工参与，而不仅仅是管理者的事。太阳能事业部经理告诉我们：“公司推动创新采用自上而下的方式，我们的目标是实现自下而上、全员参与的创新，这才是我们想要的。”那么，究竟如何才能真正让不同部门的员工在日常工作中都能发现创新的机会点，通过创新创造价值呢？在史密斯公司，员工将日常工作作为创新的着力点，聚焦于自身工作中的不方便和不合理之处。正如诺贝尔物理学奖得主李政道所言：“要开创新路子，最关键的是你会不会自己提出问题，能正确地提出问题就是迈开了创新的第一步。”显而易见，在自己熟悉的工作领域，员工最容易发现问题，解决问题也更为方便。工作中的问题得到了解决，员工自身就是受益人，工作变得更顺手，员工的创新积极性也会得到提高，从而形成良性循环。

当创新源于员工自身工作的需要，改进有利于其将本职工作做得更好时，员工的创新意愿会更为强烈。在车间各班组，每个月都会召开一次头脑风暴活动，鼓励大家发掘身边的创新机会点，这并不是公司制度硬性规定的活动，而是员工自觉自愿组织的。有的员工从存放影碟的架子获得灵感，将影碟架放大，做了一个存放工装的架子，把原本一层层堆放在地上的焊机钢圈放置上去，这样存取就变得十分方便和省力。还有一位员工只是在托架上加了两个螺丝就解决了底盖圆焊机不同心的问题。只要有心，所有员工都拥有无穷的创造力。

南京服务中心的一位员工说：“从解决目前我们工作流程中的不便着手，大家的创新积极性才能提高，才会有更多的人参与进来。我和同事们经常会为了一个改进的细节，在研讨中反复争论和推敲，这样的情景在公司屡见不鲜。工作例会中，创新和改进也是必然出现的议题。”在每次工作例会中，员工都会各自反映工作中遇到的麻烦事儿，虽然大家反映的问题越来越多，但情况也变得越来越清楚明了。“大家都觉得反映出来的问题和困难并不像想象中的那么可怕，还能通过集思广益得出解决方案与行动计划。”故而，解决问题的创新方案通常都是大家共同参与讨论出来的，是群策群力的结果。比如，内胆车间负责顶盖螺柱的一位员工发现桶装焊丝在搬运过程中比较困难，如果操作有误的话很容易砸伤操作者。在车间例行的讨论会上，经过几轮热烈讨论，解决方案渐渐浮出水面——制作一个带轮子的小车，把桶装焊丝放在小车上，员工就可以很轻松地把桶装焊丝放在他需要的地方。这样一来既解决了安全隐患，也降低了员工的劳动强度。

不仅创新方案是集体智慧的结晶，实施具体行动更是离不开“全员参与”。很多时候，发现问题的员工并不具备解决问题的能力，解决方案的实施往往需要多个员工甚至多个部门合作完成。内胆车间安全隐患改进项目就是多部门合作创新的一个典型案例。内胆车间的安全协调员小赵说：“车间安全隐患可以分为两种：一是机器设备和工作环境中存在的潜在安全隐患，二是员工对安全重要性的认识还需要进一步提高。要把安全工作做好，首要的工作就是解决机器设备和工作环境中存在的安全隐患。”为此，安全隐患改进项目组决定，首先要激励生产一线的所有员工积极参与到安全隐患的提出和整改工作中，为此采取了如下的具体措施：一方面加大安全工作的宣传力度，张贴安全警示标语和发放安全宣传材料，并要求班组长及时传送车间安全工作的进展情况以及进行相关安全事故的通报工作；另一方面对积极参与安全隐患提出和整改的员工给予奖励，并开展季度安全隐患评比工作，车间每周末都会将一周的安全隐患汇总给安全部门。接下来的工作是由车间配合安全部门对安全隐患进行归类，寻找相关责任整改部门（如制造工程部、设备部和车间），并根据隐患的整改难度，制订改进计划以及确定完成时间。同时，将整改的进度情况及时反馈给车间所有员工，让他们了解自己所提出的安全隐患的整改进展情况，以增加员工参与安全隐患改进工作的积极性，进一步提高工厂安全。对于需要车间解决的安全隐患，由安全协调员与相关班组长、具体岗位操作人员共同商讨解决办法。对于需要制造工程部和设备部帮助解决的安全隐患，由这两个部门的人员结合现场实际情况协商解决。例如，焊接二号线的员工反映验漏台的降温效果不好，尤其是在生产大尺寸热水器内胆的时候，制造工程部的工程师们经过现场观察和实验，决定将降温的水管从操作平台移到验漏台上空，并将硬管多处小孔排水降温改为软管一处大排水量的降温，这样的解决方案不但提高了降温效果，而且增加了降温区域的灵活性。而对于一些比较难以解决的安全隐患，安全部门会定期组织相关部门与公司领导专门讨论如何解决这些问题。例如，喷砂机往外喷钢砂的情况很严重，存在伤害周围操作人员的安全隐患。经过多次研讨会讨论，解决这项安全隐患的各种方案逐步浮现出来，比如在喷砂机的周围增加许多防护帘，要求周围操作人员戴面罩，等等，这些改进在很大程度上减小了钢砂可能造成的伤害。

第二节　全方位创新

史密斯公司作为一家制造型企业，历来专注于中国市场的需求，提供高品质的热水产品和专业服务。在公司，创新不仅仅包括了开发新产品和追求技术领先，还涵盖了在生产运营流程各个方面所做的改进、改善，因而可被视为“全方位创新”模式。产品创新能够为企业带来新的利润增长点，流程创新则有利于降低生产运营成本，提高效率。

一、产品创新

在激烈的市场竞争中，产品创新常常是企业出奇制胜的法宝，在为企业带来丰厚利润的同时，更增强了企业的长期竞争力。产品创新是史密斯公司在激烈的市场竞争中求得生存并不断发展壮大的重要因素。公司总裁丁威先生说："公司每年有20%以上的销售额来自于技术创新。"一般来说，产品创新可以分为两种类型：第一种是改进产品创新，即并不对现有技术做出重大改变，而是基于市场需求在现有产品的功能和技术方面做出扩展和改进，使之更贴近人们的生活；第二种则是全新产品创新，这是指产品的用途和技术原理发生显著改变的创新。在史密斯公司，这两种产品创新模式兼而有之。

在进行改进型产品创新时，应当基于市场需求扩展产品功能，在产品的使用功能和便捷化方面做文章，而非一味地追求"无所不能"，因为产品成本将随着功能的增多而上升。面对细分市场的不同需求，史密斯公司有针对性地进行改进产品创新。自1998年进入中国市场，公司就明确了自身要"运用强大的技术开发实力，研制适合中国家庭居住条件的优质产品"。公司总裁丁威先生说："外资企业要在中国茁壮发展，首先取决于企业本身的经营之道。史密斯公司一直坚持针对中国消费者的需求进行研发创新，每一次创新都扎根于本土需求，这样企业的产品才能为中国消费者所接受。"公司在2001年成立南京研发中心之后，即派出研发人员分赴全国各地，分东、西、南、北、中五个板块调查各地的气源、水源、电源质量和环境条件的变化情况，并根据调查结果，对各个区域市场内的产品内胆高承压性能的技术参数和标准进行调整和改进，提高了产品使用性能的稳定性。此外，公司还特别研发了一批从外到内都适应我国房地产市场发展变化的新产品，比如，为适应一些家庭住房面积狭小的特点，公司推出了整机外壳采用特殊材料和最新喷涂技术、不怕日晒雨淋的室外型容积式热水器；根据中国用户希望热水器节能省钱的需求，推出了有长久自动记忆功能、不拔插头更省钱的自适应节能型电热水器。此外，还有机体与电脑控制器可分离安装、在房间内隐身、不影响室内美观的线控型电热水器，以及为无法使用中央供暖系统的中国家庭专门设计的集室内采暖和热水器系统于一体的热水器等。

改进型产品创新并不仅仅意味着对现有产品的某些特性进行简单的改良，使产品种类更为丰富、更具潮流感。在史密斯公司，某款产品应该具有什么样的特性，这些特性应该如何组合，更多的是从消费者实际使用的角度出发，将与产品实际应用相关的一系列因素充分考虑在内。因为不同于其他家电产品，比如台式电脑和电视机，热水器产品在安装和使用方面，与用户的实际居住或使用条件有着极为密切的联系。

经过持续不断的改进型产品创新，目前史密斯公司的产品主要有两大系列：一是包括电壁挂热水器、超节能电热水器、太阳能热水器、燃气快速热水器、家庭中央热水炉、采暖/热水燃气壁挂两用炉和家庭净水在内的家用产品系列；二是包括商用容积式燃气热水炉、商用直流式燃气热水锅炉、商用容积式电热水炉和轻型商用热泵电热水器在内的商用产品系列。公司的研发设计人员为每一类产品设计了多达几十种不同的型号，以满足不同消费者的需求。对家庭用户而言，研发人员在设计各种热水产品时，将产品的特性与不同房型、家庭人口数以及淋浴用具类型等实际因素相联系；而在设计研发供暖产品时，则将房屋的装修情况、居住面积、房间的地面材质以及是否需要分室温控等因素考虑在内。同样，商业用户可以根据自身用水类型、用水需求以及能源类型，在相应的多款型号中进行选择。

举个例子来说，如果某消费者想要购买一款热水产品，他的住宅是厨卫相邻的“一卫”房型，家庭人口数为4人，同时房内配有一间淋浴房，史密斯公司可以为他提供两个产品方案：方案一是家庭中央热水炉，产品型号有节能型HPA、豪华型EMGP-C、豪华型EES-C以及舒适型EESR-CA；方案二是燃气快速热水器，产品型号有豪华型JSQ-E/EX、豪华型JSQ-C/D、舒适型JSQC1/C1X、舒适型JSQ-A2、JSQ-B2等。方案一的优点在于家中的每个龙头都能够出热水，从而为成员较多或常泡澡的家庭提供充足的热水供应。方案二是依据用户厨卫相邻、用水点比较集中的特点，选择了用燃气热水器来解决卫生间洗浴用水和厨房用水的问题，缺点则在于即使是少量用水也需要频繁启动燃气热水器，因而不够经济。消费者可以根据自身的需求、偏好以及购买力来选择购买合适的产品。

日本质量专家狩野纪昭教授依据满足顾客需要的程度以及顾客所感受的产品质量，将质量分为三种类型：一是理所当然的质量，这是顾客认为产品所必须具备的基本功能或属性，比如手机的通话功能，当其特性不充足时，顾客会很不满意，当其特性充足时，无所谓满意不满意，顾客至多也就是满意而已；二是期望的质量，即顾客要求提供的产品或服务比较优秀，但并非是“必需”的功能或属性，有些期望质量甚至顾客自己也不太清楚，但是他们会希望得到，当其特性不充足时，顾客很不满意，特性充足时，顾客会满意,越不充足越不满意,越充足越满意;三是魅力的质量,这往往是产品质量的竞争性元素,可以提供给顾客完全出乎意料的产品属性或服务行为,给顾客带来惊喜,当其特性无关紧要又不充足时,顾客会感到无所谓,而特性充足时,会使得顾客产生超出期望的满意。

通常,改进型产品创新能够提升前两种质量,即理所当然的质量和期望的质量,而全新产品创新带来的则是魅力质量提升的惊喜,比如全新的功能、产品性能的极大提升、引入全新的机制,等等。企业应当在维持理所当然的质量和期望的质量的基础上,通过全新产品创新来努力提升魅力质量,才能够在市场竞争中屹立不败。基于原有产品销售基础,全新产品创新会在不同的消费群体中产生效应,朴实的宣传和实用的功能将会为公司赢得更多消费者的喝彩。与此同时,在产品创新研发的基础上,企业的盈利水平和市场的占有率也会实现稳步增长。实际上,全新产品创新是企业把握商机、占据市场的利器。史密斯公司能够成为行业领袖与其锐意创新、不断推陈出新是密不可分的。史密斯公司美国总部的董事长兼首席执行官保罗·琼斯(Paul Jones)先生说:“公司能保持市场持续扩张的一个重要原因就在于我们一直有能力设计出不断满足客户需求变化的新产品。就在最近几个月,我们又推出了令人激动的新产品,比如阳台壁挂式太阳能热水器和壁挂式热泵产品。此类新产品不仅代表了新的销售额,同时又强调了一种观念——史密斯公司是热水器领域中创新的领导者。”

在史密斯公司,全新产品创新同样是基于市场需求进行的,而不是实验室中的闭门造车和异想天开。衡量全新产品创新是否成功的标志,是新推出的产品能否真正满足消费者的需求以及消费者是否愿意购买该产品。

因而真正的产品创新，来源于对客户需求的用心钻研和细致把握。曾获得IFA创新大奖的阳台壁挂式太阳能热水器就是很好的个案，公司通过市场调研发现，传统的屋顶式非承压太阳能存在一系列问题，比如安装位置受限、水压小、水温不稳定、水质不卫生、冬天无法使用、需要上水、容易冻管炸管等，这些问题给用户的使用造成了很大的不便。而市场上已有的阳台壁挂承压式太阳能热水器却不能充分解决这些不便，依旧存在温升低、水箱易漏、安装有安全隐患等问题。因此，公司将首款太阳能热水器产品的开发方向定位为：开发高集热性能的阳台壁挂承压式太阳能热水器，且其安装不受楼层限制。经过三年的潜心研究，公司成功研发出了基于全新平台技术的阳台壁挂承压式太阳能电热水器（如图6-1所示），其价格也能为普通消费者所承受。这款太阳能热水器拥有阳台壁挂安装设计、UNI集/控热系统、分体承压设计、集热箱与水箱分体设计和多能源补热模块这五大项创新技术，因而具有优异的性能：在寒冷的冬季，经过一天的阳光照射后，水温能达到50℃（普通太阳能热水器的水温通常能达到35℃左右）；水压稳定，不会产生忽冷忽热的现象，水流量非常充足；将太阳能与电热水器两套系统有机结合，缩短了加热时间，在有效利用太阳能的同时还能节约电能。这款热水器产品一经问世，便使得高层住户对安装太阳能热水器的需求不再只是奢望。无论住户家住几楼，都可以通过装在南面阳台外侧的太阳能热水器，享受到卫生舒适的热水。

二、流程创新

企业要想获得持久的成长，不能单纯地依靠产品创新。充分发挥员工

图 6-1 阳台壁挂太阳能热水器

的想象力，不断采用更先进的流程，生产更优质的产品，是一个生产型企业的必备条件。产品创新似乎总是技术人员的领地，与此不同的是，所有的组织成员都能参与到流程创新中，这显然对组织创新能力的积累更为有利。在日益复杂的商业竞争环境中，以创新来优化生产运营流程，能够为企业持续增长夯实基础。

在组织中，每位成员都以特定的方式参与到企业生产运营流程中，因此很容易发现企业流程中存在的问题。但是当我们询问员工或管理者这样的问题："当您发现生产运营流程中存在能够改进或创新的地方时，您所在的组织有相关的正式渠道来跟进吗？"绝大多数人的答案都是否定的，有一些人甚至会坦诚相告："很多时候，我会把这些想法只放在自己心里，时间长了也就淡忘了，我不知道可以告诉谁，或者告诉别人有什么用处。"出现这种现象的原因是，不少企业对流程创新的强调更像是一时冲动，常常在没有任何预兆的情况下，大张旗鼓地开展一个活动，要求员工提出创新想法，这样的创新活动可能只是一次性的，也可能是每年内某段时间内的例行活动，员工常常觉得它是不得不应付的苦差事，因此参与的积极性非常低。

史密斯公司的实践则为我们提供了一条成功的途径，只有为员工参与流程创新提供一个可操作的平台，才能真正将全体员工的创新想法转化成实实在在的效益。在公司，这个平台就是 CI。简单来说，CI 活动是全体史密斯人落实创新想法的舞台。CI 活动鼓励员工积极发现在生产、销售、服务、管理等各个运营环节中的可改进之处，通过填写提案的方式提出自己的改进建议，并由专门部门进行跟踪，在提案通过评估后成立相关的改进小组，制订详细的行动方案。改进项目结束后，会有专门的评估委员会进行评分，提出建议和实施项目的员工均能够根据改进成果获得积分奖励。公司的生产总监告诉我们："其实在刚开始，我们公司与其他同类公司相比，并没有多么大的不同。我们能够获得今天的市场地位，与持续不断的自我改进是分不开的。哪怕是每次只有一点进步，我们都会坚持做下去，日积月累的作用会在很大程度上改变公司的面貌。"而这正是持续改进的内涵所在。

访谈过程中，谈及 CI 活动，总裁丁威先生曾说："要取得成就，公司就必须要有耐性。绝不能将 CI 作为一种运动时不时爆发性地搞上一阵子，而要坚持不懈地长期推行。"史密斯公司自 2004 年开始推广 CI，到现在已经快 8 年了。每当我们进入公司，关于持续改进的宣传依旧随处可见。一进公司办公楼，我们就可以在大厅左侧的显眼处发现持续改进的展示柜，里面摆放着一件件精美的CI积分小奖品，邻近的架子上放有积分兑换的奖品手册；在车间几个入口处，也都可以看到公司每一年的CI宣传内容；食堂出口有一个长长的展示走廊，在那里也可以看到员工积极参与CI并获得奖励的照片。此外，在不定期寄送到所有员工家中的《史密斯通讯》上有CI专栏（见图6-2），参与CI的员工常常发表文章分享CI经验，这也在很大程度上宣传和普及了CI理念。

一位已经有着长达十多年工作经验、见证了公司CI从刚刚提出到制度化运作整个过程的老员工说："CI一直存在于我们的工作中，经过多年的推行，CI已经是一种积极主动的行为，是必须做的事情，也是一种荣誉的象征。"车间有一位员工，累积了数千分的CI积分，却一直舍不得兑换成奖品，因为这样他就可以自豪地对同事说："你看，我有这么多的CI积分呢。"史密斯公司高度强调创新，认为从来不参与CI活动、没有CI意识的人不是公司想要的"正确的人"，公司希望这类员工的比例越来越小。

CI的长年推行，培养了员工参与流程创新的意识，激发了员工的创新思维。这是落实流程创新的第一步。与此同时，收集员工的创新想法并进行评估和跟踪，也是非常重要的环节。在史密斯公司，CI提案的受理范围非常广，涵盖了企业生产运营的所有环节，任何员工都可以提出CI建议，提交的方式主要有如下三种：一是将改进原因、改进建议等相关内容填入《一分钟CI故事提案表》中，交给所在部门的CI辅导员；二是登录公司网站填写提案；三是直接联系质保部的CI主管，提交建议。如果CI提案经过初评，具有可行性，则由部门经理签字批准实施计划，并提供相关的资源

A.O.史密斯
CI礼品手册

CI积分方法

提CI，直接奖励20分提案鼓励分
若CI提案被公司采纳，则

提案人参与实施：
提案人CI记分=20分提案鼓励分+结果贡献度得分（CI项目分）＊2
实施人CI记分=结果贡献度得分（CI项目分）

提案人不参与实施：
提案人CI记分=20分提案鼓励分+结果贡献度得分（CI项目分）
实施人CI记分=结果贡献度得分（CI项目分）
结果贡献度评分标准以财务指标为基本依据，其余按KPI指标试行。

- 当你发现身边有可改进之处的时候；
- 当你有好的想法的时候；
- 当你对工作有创新的时候。

请填写此CI一分钟故事，提交给你所属部门的CI辅导员

持续改进工作需要每一个人的努力，我们期待您的精彩CI故事！

CI 积分兑换方式
1、每月初总裁办会发CI积分兑换的通知给全体员工。
2、员工在收到邮件后把自己的要求上报给各部门的CI辅导员，由CI辅导员统一收集后于每月的15日之前上报到总裁办。
3、总裁办收集齐之后报给采购部门统一采购，于月底统一发放（发放之前会邮件通知到各位）。

※ 奖品以实物为准

2

1．什么是CI？
CI 是英文 Continuous Improvement （持续改进）的缩写。
持续改进才能保证顾客满意，需要全体员工的参与和努力，可靠的生产过程和提供高质量的产品和服务来实现。

2．为什么要进行CI？
CI能为我们带来——产品及服务质量的提高；浪费减少；成本降低；效率提高；市场份额的扩大；行业中的领先地位；更多的机会和个人发展空间；……

3．如何进行CI？
改进原因……CI项目提出者
现状……CI项目提出者 相关部门经理认可 报CI辅导员
分析……组成CI团队
改进措施和行动……CI团队 相关部门经理认可 报CI项目经理
结果……CI团队
标准化……CI团队
未来计划……CI团队 相关部门经理认可 报CI项目经理
CI项目评定……CI评分委员会
CI项目表彰……CI项目委员会及CI项目经理

4．谁来进行CI？
CI活动需要艾欧史密斯的全体员工的参与。
（1）CI团队：由CI项目的提出者和实施者组成，提出并实施CI项目。
（2）CI团队成员的主管和经理：提供资源，支持整个CI活动。
（3）CI评分委员会：CI项目的评定。
（4）CI项目委员会：CI项目的推动及表彰。

CI流程
①提出建议（寻找改进之处，填写CI一分钟故事
②提交提案（与各部CI助理联系，采取行动）
③完善提案（量化改进结果）
④提案评估（奖励CI积分）
⑤兑换奖品（每月月初开展）

提交CI的途径
1．填写“CI一分钟故事”，与各部门CI辅导员联系。
2．登陆公司网站http://www.hotwater.com.cn上的CI窗口提交。
（建议驻外人员使用）

CI积分查询方法
1.登陆公司内网AOSWEB，点击CI图标
2.可在各车间CI管理看板的员工CI积分排名中查询。

联系我们
方文青：电话：025-85806607　E-mail：eva@hotwater.com.cn
李　毅：电话：025-85806605　E-mail：liyi@hotwater.com.cn
史　洁：电话：025-85806930　E-mail：shelley@hotwater.com.cn

图6-2　CI活动宣传册

支持。CI 主管会依据实施计划,每月跟踪项目是否按时完成,并将完成的 CI 项目提交给评分委员会进行评估;对于没有完成的项目,CI 主管将其转发给改进改善组的专人进行分析、跟踪与实施,并定期公布评估结果和进展情况。与此同时,车间每个月会召开 CI 交流专题会,对车间的 CI 项目、参与情况和典型改进案例进行交流、反馈。此外,如果有些项目因为种种原因而不能实施,公司也会将未能采纳提案的原因详细地反馈给员工,并给予提案者 20 个积分的奖励,以保持员工的创新积极性。图 6-3 为生产体系 CI 项目跟踪、实施、反馈流程图。

流程创新项目的跟踪与反馈

在制造车间,每一个部门、每一个车间都有各自的 CI 辅导员。辅导员的主要职责是收集员工的 CI 提议,并联系相关部门帮助员工实施这些提议。比如,内胆车间的一位员工发现,由于内胆翻转台的设计不合理导致搪浆外泄,频繁引发质量问题,因此提交了一份 CI 提案表。制造工程部的 CI 辅导员在现场考察后,发现这一问题需要制造工程部和设备部人员协同完成,于是第一时间召集了制造工程部、设备部和内胆车间的相关人员,组成内胆翻转台改进项目团队,并召开团队会议。经过数次讨论之后,基本确定了此次改进方案,即将原喷搪机翻转台取消,改为滑轨,将喷搪后的内胆滚动至沾浆工位。最后,CI 辅导员根据改进方案制订改进计划,确定不同部门人员的责任,共同完成这一改进项目。

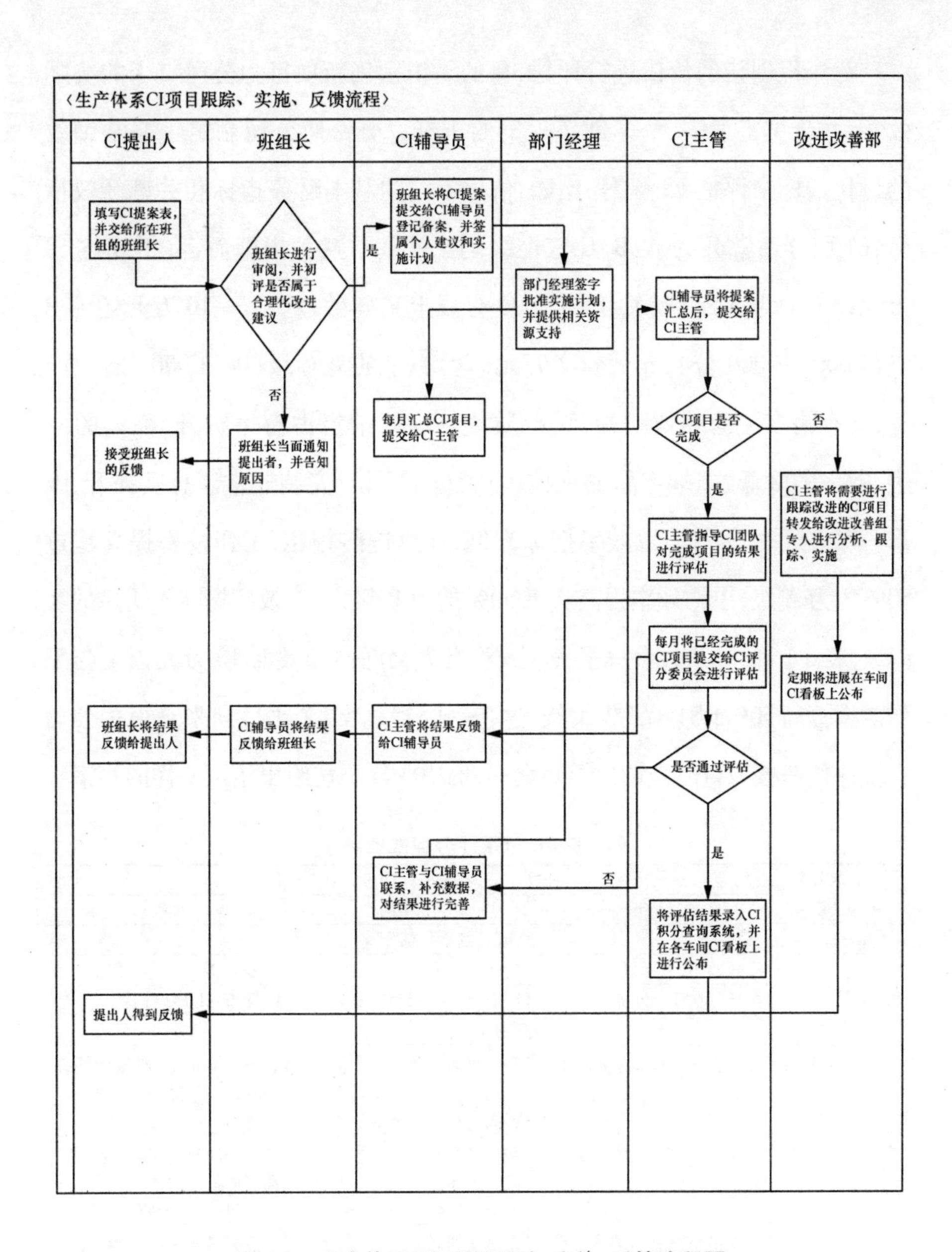

图 6-3 生产体系 CI 项目跟踪、实施、反馈流程图

对流程创新的价值进行评估，目的是识别创新项目为公司带来的实际效益，并让员工了解、分享创新提案的贡献。史密斯公司制定了非常细致的量化指标来评估 CI 提案，比如，依据不同的基本财务指标和关键绩效指标，CI 积分通常分为 A、B、C 三个级别。就基本财务指标而言，年效益 10 万元以上的为 A 级（奖励积分 5 000 分以上），年效益 2 万—10 万元的为 B 级（1 000—5 000 分），年效益 2 万元（含）以下的为 C 级（0—1 000 分）。此外，还有诸多关键绩效指标，包括质量、效率、销售占有率提升、终端的改进、费率的降低、高端产品的占比、直销员工保留、安装非常满意度提升、维修一次完成率，等等。以效率指标为例，和改进前相比，工作效率提高超过 50% 的为 A 级，工作效率提高将近 50% 的为 B 级，工作效率提高不明显的为 C 级，表 6-1 即为 CI 评分标准表。或许有人会问：“年效益 10 万元以上与工作效率提高 50% 以上，都是 A 级，这公平吗？”确实，公平性向来是很多公司在做评估考核项目时强调的重点之一，而史密斯公司给出了不一样的答案。

表 6-1　CI 评分标准表

<table>
<tr><th colspan="2" rowspan="2">级数
名称</th><th colspan="3">评分标准表</th></tr>
<tr><th>A 级</th><th>B 级</th><th>C 级</th></tr>
<tr><td rowspan="8">结果贡献度</td><td colspan="4">财务基本指标</td></tr>
<tr><td rowspan="2">财务指标</td><td>年效益 10 万元以上</td><td>年效益 2 万—10 万元</td><td>年效益 2 万元（含）以下</td></tr>
<tr><td>A 级（5 000 分以上）</td><td>B 级（1 000—5 000 分）</td><td>C 级（0—1 000 分）</td></tr>
<tr><td colspan="4">KPI（关键绩效）指标</td></tr>
<tr><td>质量指标</td><td>和改进前相比，质量水平提高或缺陷率降低超过 50%
A 级（5 000 分以上）</td><td>和改进前相比，质量水平提高或缺陷率降低将近 50%
B 级（1 000—5 000 分）</td><td>和改进前相比，质量水平提高或缺陷率降低不明显
C 级（0—1 000 分）</td></tr>
<tr><td>效率指标</td><td>和改进前相比，工作效率提高超过 50%
A 级（5 000 分以上）</td><td>和改进前相比，工作效率提高将近 50%
B 级（1 000—5 000 分）</td><td>和改进前相比，工作效率提高不明显
B 级（1 000—5 000 分）</td></tr>
<tr><td>销售占有率提升</td><td>卖点渠道销售占有率（季度同比）提升 10% 以上
A 级（5 000 分以上）</td><td>卖点渠道销售占有率（季度同比）提升 5%—10%（含）；
B 级（1 000—5 000 分）</td><td>卖点渠道销售占有率（季度同比）提升 0—5%（含）；
C 级（0—1 000 分）</td></tr>
</table>

（续表）

名称 \ 级数		评分标准表 A级	B级	C级
结果贡献度	终端的改进	A/B类卖点由原来的墙面改为U形展厅 A级(5000分以上)	A/B类卖点墙面延米数增加了1.5米以上 B级(1000—5000分)	A/B类卖点墙面延米数增加了0—1.5米 C级(0—1000分)
	费率的降低	费率(季度同比节省度)降低0.5个百分点以上 A级(5000分以上)	费率(季度同比节省度)降低0.2—0.5个百分点 B级(1000—5000分)	费率(季度同比节省度)降低0—0.2个百分点 C级(0—1000分)
	高端产品的占比	高端产品的占比(季度同比)在原有基础上提升10%以上 A级(5000分以上)	高端产品的占比(季度同比)在原有基础上提升5%—10% B级(1000—5000分)	高端产品的占比(季度同比)在原有基础上提升0—5% C级(0—1000分)
	直销员保留	主动流失率(季度同比)降低20%以上 A级(5000分以上)	主动流失率(季度同比)降低10%—20% B级(1000—5000分)	主动流失率(季度同比)降低0—10% C级(0—1000分)
	安装非常满意度提升	非常满意度(季度环比)提升15%以上 A级(5000分以上)	非常满意度(季度环比)提升5%—15% B级(1000—5000分)	非常满意度(季度环比)提升0—5% C级(0—1000分)
	维修一次完成率	维修一次完成率(季度环比)提高3个百分点以上 A级(5000分以上)	维修一次完成率(季度环比)提高2—3个百分点 B级(1000—5000分)	维修一次完成率(季度环比)提高0—2个百分点 C级(0—1000分)
	临提函证率的提升	季度临提函证率(季度环比)提升0.5个百分点 A级(5000分以上)	季度临提函证率(季度环比)提升0.3—0.5个百分点 B级(1000—5000分)	季度临提函证率(季度环比)提升0—0.3个百分点 C级(0—1000分)
	100%的用户跟踪	用户跟踪的比率(季度环比)提高10个百分点以上 A级(5000分以上)	用户跟踪的比率(季度环比)提高5—10个百分点 B级(1000—5000分)	用户跟踪的比率(季度环比)提高0—5个百分点 C级(0—1000分)
	其他	其他可类比的改进结果贡献度如残次机的减少、事故赔偿金额的降低、技能的提升、服务ASTAR的改进、管理流程的改进、团队建设的改进等。		

生产总监告诉我们："改进的幅度究竟有多大并不重要，重要的是员工这么做了，改善了现状。CI积分，更重要的目的在于鼓励员工创新，哪怕是很小的改进我们也欢迎，也会给予积分鼓励。"在史密斯公司，采用量化的评估指标，其目的并不在于更为公平地论功行赏，而是为了让员工更清楚地了解自己的创新想法能够创造多大的价值，鼓励其持续参与流程创新。

案例6-2

CI项目评分办法

CI项目采用如下的评分办法:任何CI项目提出人将获得20分基本分;若CI提案被公司采纳,提出人与实施人共同作为CI项目团队成员;按结果贡献度得分记为CI项目得分,由团队成员平分。CI提案人、实施人所在部门可以获得同等分值的团队CI积分。依据团队CI积分,各部门将获得对应额度的团队活动奖励。员工所获得的CI积分可以累加,可以变现,还可以兑换各种美观实用的奖品。公司员工还可以根据CI积分排名顺序在公司内部开展的活动中享有优先权,比如试验机优惠购机、滞销机优惠购机等。同时,CI积分也是员工晋升的参考指标之一,史密斯公司在提拔员工时,其他条件相同的情况下将优先考虑CI积分高的员工。此外,特别优秀的CI项目还有机会参选公司一年一度的"价值观推动"奖项评选。

要维持员工持续参与创新的积极性,奖励措施是不可或缺的。史密斯公司并非依靠丰厚的奖金来吸引员工积极创新,而是采用以CI积分兑换实物或现金的方式激励创新。与CI项目对公司的贡献相比,积分兑换实物的奖励幅度确实不高,比如400积分可以兑换CD包,2 000积分可以兑换卡西欧女表,10 000积分可兑换移动硬盘或数码照片打印机,100 000积分可兑换索尼笔记本电脑,等等。事实上,公司认为,创新是员工的天性,每个人都强烈渴望创新,这可以增强他们自身的成就感,满足其自我实现的需求,而不仅仅是为了获得物质奖励。在公司CI积分查询系统中,所有员工都可以看到个人和部门的CI积分排行榜。公司每年还会评选出CI年度总冠军，对史密斯人来说，能够上榜或夺冠是一件非常光荣、非常自豪的事情，奖品反而在其次，故而CI积分激励中，精神奖励的成分居多。除了这些正规的制度化的奖励方式外，公司还在其他日常工作细节中处处体现出对CI的鼓励和关注。访谈过程中，车间的工人小刘告诉我们："有些重要的奖励方式不会出现在企业的正规管理系统中，但会体现在人与人的交往之中，比如领导的表扬或是同事的羡慕语气。对于史密斯公司的员工来说，物质激励的确不可或缺，但精神奖励也同样重要。"史密斯公司不定期给每位员工家里寄发《史密斯通讯》，每期通讯中基本上都刊登了员工参与CI活动的感悟与体会，这不仅有助于营造创新氛围、传播知识，参与CI且自己的CI故事能入选《史密斯通讯》的员工会感觉非常有成就感，认为这是很光荣的事情。

由于CI活动的有效实施，史密斯公司流程创新案例层出不穷。比如在车间物流线改造过程中，老底盖压力机物流线的开关装在操作工的背面，每生产一台热水器内胆的时候，操作工都要转身180度去开一下开关，然后再转回来压合内胆，如果这台设备每天生产800台内胆的话，操作工就要转800个圈，这不仅增加了操作工的劳动强度，也降低了整个流水线的生产效率。针对这个问题，一位员工在压力机操作台的下面安装了一个脚踏开关，操作工每次只需要用脚踩一下脚踏就能够打开开关，这就消除了每天800圈的无效动作，降低了劳动强度，提高了生产率。再比如对内胆底盖喷砂机的改进，每次在使用内胆底盖喷砂机时，都会不断地有钢砂从进出口的地方飞溅出来，洒落在地上的一粒粒细小的钢珠不仅使生产区域的清洁情况较差，而且让地面变得很滑，造成了一定的安全隐患。后来车间员工在喷砂机进出口的地方做了一个漏斗，然后在漏斗的底部放置了一个接收钢砂的容器。改进后，飞溅出来的钢砂就会通过漏斗进入接收器。生产现场的清洁度提高了，不安全因素也排除了，并且接收器每三天就能接收到一桶钢砂，筛选后还可以重复利用，这样就等于同时也节约了成本。

在史密斯公司，流程创新不仅包括生产流程方面的创新，还涵盖了在管理流程上的不断改进。例如，为了简化公司员工的报销流程，并提高资金流转过程的安全性，财务部引入了银行转账终端系统。这样，自动转账时，会有手机短信及时通知，告诉员工何时有多少钱转入他的账户；并且系统每天都会进行结账，账目清晰。如果员工觉得账目出现问题，可以要求打印对账单以便核查。这样的改进提升了财务部内部客户服务的质量，获得了员工的一致好评，提高了员工们的满意度。再比如对安装工的服务监测，史密斯公司要求安装工上门服务完毕后让消费者填满意度回执单。一开始回执单上只有“满意”和“不满意”这两个选项，每次统计的满意率都达了98%以上。但事实上，顾客的不满仍有很多，公司却不能有效获取这些信息。为了更客观地衡量公司的服务水平，获得真实的顾客反馈，更好地发现现有体系的不足以进行改进，服务体系调整了思路，设置了“非常满意”、“满意”、“一般”、“不满意”这几个选项，并把对安装工的考核跟“非常满意”挂钩，并有针对性地查找顾客没有感到“非常满意”的原因。随后，公司进一步改进了满意度的衡量方法，在回访时询问四个问题，包括“上门是否及时”、“收取额外费用时是否出示收费标准卡”，等等。如果顾客回答的四个问题全部是肯定的，则认定为“非常满意”，而如果有一个回答是否定的，就会扣减一定的分数。采用这样的改进措施，有利于公司发现售后服务中存在的具体问题，能够有针对性地提高服务品质，从而促进客户满意度的提升。

尾章

回味与思考

“让客户、员工、股东、社会满意”是一句简单明了且通俗易懂的话语，但史密斯公司却凭借着对这句话的独特见解、独特领悟以及相关的独特做法，将这些文字的力量转化成员工行为上的力量，从而获得了自2001年以来的持续快速发展。

综合前面各章的描述，我们从公司的所思所行中总结了三个原则，和大家一起分享。同时，我们也将就研究过程中发现的问题与大家一同探讨。

第一节　不断的总结

从默默无闻到市场销售额排名第一，“A. O. Smith”这个品牌凭借着文化的力量已经在中国这片沃土上扎下了自己的根。

史密斯公司的口号是“通过研究，寻找一种更好的方式”(Through research, a better way)。其实这也是我们在写作本书时的一个核心思想，我们并非在为大家提供一个唯一正确的答案，而只是在通过我们的研究，寻找出一种可能对大家有借鉴意义的更好的公司经营管理方法。文化建设之路有千千万万条,史密斯公司也认为自己的做法是在主观意愿和客观环境的匹配中不断摸索与总结出来的。因此在本书的最后,除了对“四个满意”这条大的主线进行回顾外,我们还从公司各种思考与做法中提炼了三个操作层面的原则与大家一同回顾。

原则一:持续改进

事物都是在运动中得以发展的。面对市场的不断变化,史密斯公司认为只有因势而变,持续为客户和社会创造出真正的价值,公司才能得到认可,公司的员工和股东才能在这种认可中长期得到良好的薪酬福利待遇和较高的投资回报。因此,一直以来公司都在培养员工持续改进的能力。

史密斯公司的“持续改进”包含“持续”和“改进”两个部分。在“持续”方面,公司并不计较每一个进步的大小,而关注于每天都能获得进步,公司相信即便所有的进步都是微小的,但日积月累的效应也能带来成功。因此公司对于质量意识的强调、创新活动的激发,可谓是年年月月日日都在进行,公司认为只有通过这样不断的重复,才能使员工将这些行为变为自然,而不是为了应付突击检查而自欺欺人。

在“改进”方面,公司的做法是设定一个可以量化的改进标准并严格执行。人们之所以不能取得进步,往往是因为他们不知道什么是正确的,什么是更好的。为此,史密斯公司努力将所有的问题都量化为一些数字上的指标,并用这些数字的高低来表示好与不好,如用成品退货率去衡量产品质量的高低,用 ASTAR 得分去评估一个部门的内部服务水平。虽然在面对一些特殊的问题时,量化标准的制定往往是困难且有失公平的,但公司仍然相信制定标准并严格执行是唯一有效的做法。因为标准的出现意味着明确了员工努力的方向,让员工的行为可以有的放矢,而至于标准本身的不合理性,也一定会在执行的过程中被不断地发现、不断地调整、不断地完善。

原则二:杜绝一切浪费

浪费在史密斯公司中是指所有没有创造价值的环节。这其中包括两个方面,一个是那些造成利润流失的非合理性“作为”,一个是造成错失利润的“不作为”。杜绝一切浪费,是公司实现高利润增长的重要手段。

造成利润流失的“作为”一般存在于不合理的生产运营管理环节中。在史密斯公司,此类浪费的杜绝通常与“降低成本”的活动有关。生活中人们总是习惯于将“提高质量”和“降低成本”作为事物的一组对立面,认为成本的降低会导致质量的下降。但史密斯公司对此却并不认同,在他们看来,成本的降低不是使用劣化的工艺工序和劣质的配件材料,而是通过工艺工序上的改进以及生产资料的合理再分配来完成,就如一些车间为了掩盖生产中的问题,用加大库存量来保证不断货,在发现这一问题后,公司便用零库存的标准去要求这些部门,迫使它们发现问题、解决问题,在提高生产能力的同时降低成本,从而杜绝这些不创造任何价值的浪费。

造成错失利润的“不作为”一般指那些本该占领的市场份额却没有占领,本该发现的市场机会却没有发现。史密斯公司虽然在近十年中保持了高速的增长,但是在很多地方,公司仍然认为做得不够好。市场分析的不深入、营销手段的不具体让公司错失了许多利润的增长点,浪费了现有的品牌效应和生产能力。杜绝此种类型的浪费比起上一种浪费而言要困难许多,因为员工们甚至不知道浪费源于何处。因此,从不制定工作说明书到头脑风暴式的研讨会,公司花费了大量的精力让员工跳出各种思维的约束与局限,从全局的角度去重新思考,从而培养其发现问题的专业眼光,不但能找出显性浪费,更能发现隐性浪费。

原则三:全员参与

史密斯公司认为,任何理念的真实传达以及任何活动的成功实施都离不开全体员工的共同参与。而要实现全体员工的共同参与,那就要求管理者拥有一个超越个人利益的奋斗目标以及一颗真诚关爱员工的心。

史密斯公司认为这个世界上没有所谓的"笨人",管理者的一举一动,员工们都清清楚楚地看在眼里,如果管理者的思考与行动都是以一己之利为导向,那么没有哪个员工愿意真心实意地为这个管理者卖命。因此公司要求自己的管理者们必须拥有一个超越个人利益的目标,只有超越个人利益的目标才能真正地激发员工、形成团队的凝聚力。

人不是劳动的机器,而是充满思想且鲜活的个体。要让他们充分地发挥自己的主观能动性,就要尊重他们,真心关爱他们。因此史密斯公司要求自己的管理者必须拥有一颗真诚关爱员工的心。真诚的关爱不是人际交往间的寒暄与礼貌,而是发自内心的关心与爱护。在公司看来,上级对下级的真诚交流、针对工作的客观反馈,比那些客套的"你好"和"谢谢"有用得多。

第二节 无尽的求索

在与史密斯公司的接触以及本书的写作过程中，我们切身体会到企业文化能够发挥的巨大作用，并试图通过各种案例来尽量全面、深入地展示史密斯公司“四个满意”的企业文化是什么，它是如何被建立并最终软着陆的，它又是如何推动史密斯公司获得成功的。史密斯公司一直非常明确自己的发展方向。为了塑造“四个满意”的企业文化，并使之真正落地生根，公司付出了巨大的努力。公司总经理曾多次说过：“文化是公司成功的基因，决定公司成长的前景。”正是这种对“四个满意”的不懈追求，使得史密斯公司在过去的十年中取得了骄人的成就，获得了良好的声誉，也使得公司在文化建设和推广的过程中，勇于直面各种艰险，并寻求在所有层面上的改进和改善。因此，在本书的最后，我们选取了史密斯公司仍在不断寻求解决之道的一些问题，与所有重视并在不断开发企业文化之力量的有识之士共同探讨。

第一，在史密斯公司，还有很多员工对企业文化的认知缺乏整体性。我们在研究的过程中深切感受到：许多员工，尤其是基层员工所了解的史密斯公司文化也许只是整个文化体系中的一个部分，或者是文化的一个印记。这一方面可能是因为受到传统认知的影响。比如，当我们走进车间，与一些车间仓库保管人员闲聊时发现，在他们心中最重要的是“工作的态度，以及对于上级的忠诚”，而不是“四个满意”。甚至在对一些管理人员进行访谈时，我们也遇到了类似的问题。虽然我们不能说“好的工作态度和高的忠诚度”偏离了“四个满意”，但这说明，“四个满意”的价值观还没有真正成为所有员工的行为标准。作为对员工行为有直接影响的一个重要因素，上级对企业文化和员工工作中主动性行为的态度也直接影响着企业文化的推广和员工行为是否体现“四个满意”。

另一方面，造成一些员工难以全面而清晰地认识企业文化的原因，可能来自于企业文化本身的特性。史密斯公司是一家“结果导向”的公司，“四个满意”本质上是一种“结果导向”的文化。公司太阳能销售经理告诉我们：“我喜欢在史密斯公司工作。因为公司是结果导向的，但是过程又不缺乏人性化。在这里工作，我感到很愉快。”结果导向能够提高员工的工作效率，减少不必要的人际摩擦，提高员工的工作成就感和工作满意度。结果导向也帮助公司成立了符合公司需求的制度体系。质量保障部经理在分享史密斯公司建立质量管理体系的相关经验时，这样说道：“我们没有要承袭某一套体系。我们将‘四个满意’作为原则，从客户需求出发，寻找满足客户需求的更好方法，一步步建立自己的体系。”“四个满意”的结果导向让公司避免了很多形式上的工程，能更好地发挥员工的主观能动性。

然而，我们也不能不看到，结果导向也使得公司的价值观体系存在着不稳定性，并且对员工的认同度有着更高的要求。比如，在史密斯公司的座谈会中，有着轮流发言、至少三轮的传统。这是为了打破中国员工不习惯进行意见表述的习惯，确保每个人都能发表自己的意见。发言结束后由主持人统计所有意见，并进行投票。这看似是一个简单的过程，但是，在我们参与的一次座谈会中，虽然按公司的常规进行了所有的流程，但这次座谈会并未达到预期的效果，因为主持人忙于按既定流程“完成”座谈会，反而忽略了座谈会的最终意图，即鼓励所有员工充分利用自己的知识、经验，发挥创造力，集思广益，共同解决公司所面临的问题。这种对企业文化深度认知、认同的高要求，甚至还会影响史密斯公司人才队伍建设的效率和效果。史密斯公司在打破员工的思维边界和扩展文化宣传的深度和广度上，还有很长的路要走。

第二，价值观推动形式革新面临的瓶颈问题。史密斯公司一直致力于文化推广的努力，用各种活动进行支撑和宣传，其中影响最大的莫过于价值观推动活动和 CI 活动。从 2003 年公司从总部引入一年一次的价值观推动活动，再到从 2009 年起决定一年举行两次，到目前为止公司已经举办了 11 次。史密斯公司自 2004 年开始推行 CI，距今也已 8 个年头，很多价值观推动奖的获奖项目都来自于 CI 活动。虽然公司在不断寻求改进，在宣传彩页、提名奖项、提名方式等方面做出改善，以提高活动参与度和更好地激发员工积极性，但还是有一些员工产生了懈怠心理。

员工之所以产生这种懈怠心理，有两个可能的原因。其一，是对自己获奖的预期降低。目前，公司在价值观推动和 CI 活动中仍主要采用大项目制，获奖项目多是跨部门项目，在某种程度上决定了参与人员部门层级较高，而导致普通员工很少有获奖机会，只能拿到一定的 CI 积分。对那些自认为与大项目无缘、连续几年都没有获得任何奖项的员工来说，可能会由最初的心动和不断努力，变为麻木的旁观，在他们眼中价值观推动评选活动就像一场走秀。一些员工只是为了获得小奖品而草率填写提名项目，为了提名而提名。其二，可能是对奖项评选公正性有所存疑。有些员工认为，获奖与否是由公司领导决定的，与自己的推荐关系不大。管理者们无法回避这个问题：在价值观推动活动形式逐渐固定，新鲜感逐渐消失，激励不再那么有效。当这些活动逐渐成为一种例行公事时，如何破除员工的“价值观推动活动疲劳”，再次激发员工对价值观的信心和激情？

第三，要求创造性与目标导向的工作一致使员工面临着比常规工作更大的压力，从而带来工作—生活不平衡的问题。研究表明，越来越多的员工开始重视工作—家庭平衡问题，这一问题越来越成为影响员工工作满意度，特别是高层员工满意度的重要因素。我们在本书中向大家介绍了史密斯公司在组织结构上的特别之处，就是“没有工作说明书”，公司用目标管理来告诉员工什么是该做的。另外，公司没有实行严格的打卡制，员工只需要在特定的时间段内上下班即可。公司也不鼓励加班，对加班审批有严格的规定，并且向来严格遵守《劳动合同法》的规定，会给予加班员工相应的薪酬补偿，并且允许调休。但是，“任务目标是固定的，付出多少努力收获多少成果”，生产部总监这样说到。因此，为了完成指标、达成目标，很多管理人员常常会选择将工作带回家中完成。此外，当实行矩阵式的组织结构以后，员工工作职责的分配不公日益明显，处于组织节点处的员工往往需要承担两个交叉部门的职责，工作压力加大。公司为此进行了专项研讨，寻求可能的解决方案。

第四，史密斯公司一直倡导平等看待、真心关怀每一位员工，只有上级真正尊重每一位下属，下属才可能真正将自己的精力用到上级布置的工作任务中去。但是，受到中国传统文化以及当前社会中某些“官本思想”的影响，史密斯公司中的一些中层管理者仍然会把“服务好上级”作为工作中非常重要的一点，管理人员在对待上级和下级的语言及肢体语言上存在显著差别，甚至对于下属只是礼貌上的寒暄，没有发自内心的关爱，正如公司总经理所说："在中国这个社会环境下长大的员工，你不用教，大家都知道'服务好上级'，而'服务好下级，真心关爱下属'，还需要公司持续的培训和倡导。"在史密斯公司美国总部，人们认为无论是公司的总经理还是清洁工在本质上都是一样的，都是在为股东"打工"，人们的员工身份是一样的，只是从事的工作、任职的岗位不同。只有上下级彼此尊重、彼此关爱，员工与员工之间乃至员工与公司之间才能共进退、同发展。

最后，当我们问到史密斯公司总经理，目前阻碍公司发展的最大障碍是什么时，他回答说："人才。"史密斯公司在 10 年的时间里，实现了销售额 10 倍的增长，然而，遗憾的是，公司人才储备的增长没有跟上这样的增幅。史密斯公司甄选人才的标准，不仅仅是做事的能力和经验，更要考虑其与公司价值观的匹配度。这样，通过外部招聘很难获得合适的人选，而必须依托公司自身进行培养。公司虽然从 2004 年开始招聘管理培训生，但流失率也较为严重，直到最近两年，公司对于管理培训生的培训才逐步流程化。为了最大限度地挖掘现有人才的能量，让优秀的员工都能充分发挥其才能，史密斯公司目前正推行一项措施，即在一线员工中间实行"民主选举制"，让一线员工自己推选班组长，以发现并留住其中的优秀人才。这充分体现了史密斯公司的人文关怀精神和求贤若渴之心。但是，持续的快速扩张、外部招聘的低度有效性以及内部培养必需的长期性，使得公司的人才缺口日益明显。

然而，史密斯公司人力资源部在面临巨大的招聘和培训压力的同时，还承担着多项文化推广活动的重任。ASTAR 评选、价值观推动都是人力资源部门的责任。公司总经理坦言:"我们目前面临的一个重要问题,是组织有效性还不够,特别是内部培训和招聘有效性方面。"他认为,公司在招聘数量和重视度上都存在不足,从而造成目前各个层次的管理人员缺乏。甚至在一些核心岗位上,公司的招聘效率也不尽如人意。人力资源部必须要进行自我调整,将人才队伍发展和建设这一重要的工作从重复性的低价值劳动中剥离出来,提升人力资源管理工作的有效性,以更好地解决影响公司未来发展和价值观继承的人才储备问题。

企业文化的形成和深入人心不是一日之功,"四个满意"的大道并非一日筑成。在不断改进改善、追求完美的"四个满意"大道上,不会一帆风顺,而会遭遇大大小小、方方面面的艰难,还需要公司所有员工无尽的求索、共同的努力。正如公司太阳能事业部总监所说:"对'四个满意',我们不是说已经做到了,但是我们一直在努力。"史密斯公司并不为现有的险阻和不可知的未来而畏惧,因为它能回顾过去的成功而不骄傲自满,善于客观地从历史中吸取经验;也能面对未来的艰险而不灰心气馁,冷静无畏地投入到变化的情况中去。

主要参考文献

[1] 埃德加 · H. 沙因. 企业文化与领导[M]. 朱明伟,等译. 北京:中国友谊出版社,1989.

[2] 亨利 · 基辛格. 白宫岁月[M]. 陈瑶华,译. 北京:世界知识出版社,1980.

[3] 弗雷德里克 · 赫茨伯格,等. 赫兹伯格的双因素理论[M]. 张湛,译. 北京:中国人民大学出版社,2009.

[4] 迈克尔 · 谢勒. 二十世纪的美国与中国[M]. 徐泽荣,译. 上海:三联书店,1985.

[5] 傅家骥. 技术创新学[M]. 北京:清华大学出版社,2001.

[6] 李海,张德. 组织文化与组织有效性研究综述[J]. 2005,外国经济与管理:2—11.

[7] 理查德 · 尼克松. 尼克松回忆录[M]. 马兖生,等译. 北京:世界知识出版社,2001.

[8] 杨东涛,等. 制造战略、人力资源管理与公司绩效. [M]北京:中国物资出版社,2007.

[9] 杨东涛,等. 江苏省外商投资企业人力资源管理实证分析[J]. 管理世界,2002,2:143—144.

[10] 约瑟夫 · 熊彼特. 经济发展理论[M]. 何畏,等译. 北京:商务印书馆,1990.

[11] W. 钱金,勒妮 · 莫博涅. 蓝海战略[M]. 吉密,译. 北京:商务印书馆,2005.

[12] J. 柯林斯,等. 基业长青[M]. 真如,译. 北京:中信出版社,2002.

[13] 汤姆 · 彼德斯,等. 追求卓越[M]. 胡玮珊,译. 北京:中央编译出版社,2003.

[14] Geoffrey Bloor & Patrick Dawson. Understanding Professional Culture in Organiza-

tional Context[J]. Organization Studies,1994(15):275—295.

[15] Deal T E,Kennedy A A. Corporate Cultures: The Rites and Rituals of Corporate Life[M]. Mass:Addison—Wesley,1982.

[16] Denison D R. Corporate Culture and Organizational Effectiveness[M]. New York: John Wiley & Sons,1990.

[17] Drucker, P. The Practice Of Management[M]. New York: Harper & Row Publishers,1954.

[18] Han,J K, Kim,N, Srivastava,R K. Market Orientation and Organisational Performance:Is Innovation a Missing Link? [J]. Journal of Marketing,1998,62(4):30—35.

[19] Kets, de Vries, M F R & Miller,D. Personality, Culture, and Organization[J]. Academy of Management Review,1986(11):266—279.

[20] Kroeber,A L & Kluckhohn,C. Culture:A Critical Review of the Concepts and Definitions[M]. Cambridge:Harvard University Press,1952.

[21] Meyerson, D & Martin, J. Cultural Change: An Integration of Three Different Views[J]. Journal of Management Studies,1987(24):623—647.

[22] Narver,J C & Slater,S F. The Effect of a Market Orientation on Business Profitability[J]. Joural of Marketing,1990(54):20—35.

[23] Narver J C,& Slater S F, MacLachlan D L. Responsive and Proactive Market Orientation and New Product Success[J]. The Journal of Product Innovation Management,2004, 21(5): 334—347.

[24] Robey,D & Rodriquez-Diaz,A. The Organizational and Cultural Context of Systems Implementation:Case Experience from Latin America[J]. Information and Management 1989, 17(4):229—239.

[25] Saffold, G S. Culture Traits, Strength, and Organizational Performance: Moving beyond "Strong" Culture[J]. Academy of Management Review, 1988, 13(4): 546—555.

[26] Schultz, M & Hatch, M J. Living with Multiple Paradigms: The Case of Paradigm Interplay in Organizational Culture Studies[J]. Academy of Management Review, 1996, 21(2): 529—557.

[27] Slater & Narver. Does Competitive Enviroment Moderate the Market Orientation Perfromance Relationship? [J]. Journal of Marketing, 1994, 58(1): 46—55.

[28] Slater, Stanley F & Narver, John C. Customer-led and Market-oriented: Let' not Confusee the Two[J]. Strategic ManagementJournal, 1998, 19: 1001—1006.

[29] Smircich, L. Concepts of Culture and Organizational Analysis[J]. Administrative Science Quarterly, 1983, 28(3): 339—358.

[30] Steven, C, Wheel Wright & Kim B C Lark. Creating Project Plansto Focus Product Development [J]. Harvard Business Review, 1992(3): 67—83.